U0224503

东方建筑遗产

保国寺古建筑博物馆

· 2014年卷 ·

文物出版社

责任印制　陈　杰

责任编辑　智　朴

图书在版编目（CIP）数据

东方建筑遗产·2014年卷/保国寺古建筑博物馆编.
－北京：文物出版社，2014.12
　ISBN 978－7－5010－4201－2

　　Ⅰ.①东… Ⅱ.①保… Ⅲ.①建筑－文化遗产－保护
－东方国家－文集 Ⅳ.①TU－87

　中国版本图书馆CIP数据核字（2014）第307026号

东方建筑遗产·2014年卷

保国寺古建筑博物馆　编

文物出版社出版发行

（北京市东直门内北小街2号楼）

http://www.wenwu.com

E-mail:web@wenwu.com

北京文博利奥印刷有限公司制版

文物出版社印刷厂印刷

新华书店经销

787×1092　　1/16　　印张：13.5

2014年12月第1版　2014年12月第1次印刷

ISBN 978－7－5010－4201－2　　定价：120.00元

《东方建筑遗产》

主　管：宁波市文化广电新闻出版局

主　办：宁波市保国寺古建筑博物馆

学术后援：清华大学建筑学院

学术顾问：郭黛姮　王贵祥　张十庆　杨新平

编辑委员会

主　任：陈佳强

副主任：舒月明

策　划：徐建成

主　编：余如龙

编　委：（按姓氏笔画排列）

王　伟　邬兆康　李永法　陈　吉　应　娜

沈惠耀　林　芳　范　励　翁依众　徐　航

徐学敏　徐微明　符映红　曾　楠

◆目 录◆

壹 【遗产论坛】

· 乡土建筑营造尺法与体系的研究意义

    ——从营造尺度构成规律探讨地域营造技艺传承与传播的思路与方法

                * 刘 成 李 浈 3

· 在实践与经验中的改进与创新

    ——记广济寺大雄宝殿木作营造工艺的一些特点 * 杨 达 15

· 江南地区古代木构建筑年代分析方法与实践启示

    ——以虎丘二山门为典型案例 * 周 淼 21

贰 【建筑文化】

· 翼角做法的演化及其地域特色探析 * 张十庆 29

· 浙江宁波唐宋子城建筑研究和计算机重建三维建筑

                * 林士民 爱丽丝·洁·林 43

· 汉传佛教寺院空间形态源流考 * 刘诗芸 刘松茯 53

叁 【保国寺研究】

· 保国寺建筑文化的保护传承、核心价值提炼

    及国保单位转型升级专题博物馆的探索与实践 * 余如龙 63

· 试论保国寺"七朱八白"的建筑文化内涵 * 李永法 张殿发 67

· 保国寺观音殿的石质莲花覆盆柱础略考 * 沈惠耀 75

· 保国寺大殿价值发现60周年保护研究文章综述 * 符映红 81

· 基于受众心理需求的古建筑博物馆陈列标识环境设计探索

    ——以宁波保国寺古建筑博物馆策展设计为例 * 王 伟 87

肆 【建筑美学】

· 杭州西湖文化景观的兴废及其启示 ＊吴庆洲.......................... 93
· 宁绍地区明代民居特征简述 ＊徐学敏.......................... 115
· 浅析东北地区满族传统民居窗的艺术与构造特点 ＊汤　煜　马福生.... 123

伍 【历史村镇】

· 福建省邵武市西南地区传统民居中厅五柱式侧样之排列构成
　　　　　　　　　　　＊李久君...................... 131
· 湖南永州汉族传统民居结构作法浅析 ＊佟士枢.......................... 145
· 浅谈历史街区保护和文化遗产可持续发展的关系
　　——以宁波外滩历史街区为例 ＊黄定福.......................... 157

陆 【奇构巧筑】

· 宋元江南地区与日本佛教寺院的文化交流 ＊郭黛姮.................. 167
· 结合中日遗构探讨昂装饰性的演变 ＊温　静.......................... 195

【征稿启事】 207

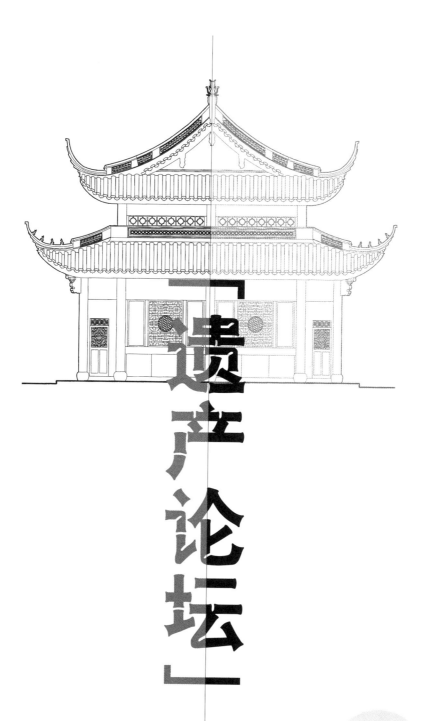

「遗产论坛」

壹

【乡土建筑营造尺法与体系的研究意义】

——从营造尺度构成规律探讨地域营造技艺传承与传播的思路与方法[一]

刘　成　李　浈·同济大学建筑与城市规划学院

摘　要：建筑的尺度是决定建筑形式的基本因素，也是营造活动首要构成元素。营造尺法体系不仅包括尺系的构成，还包括传统营造中的技艺细节及其规律。营造尺法构成则体现在尺长的选择、开间进深的确定、房屋构架设计、屋面坡度设计、布局模式等多方面。就传统的营造程式而言，由工匠根据业主的要求确定房屋的规模，然后通过一定的尺度法则进行建筑的营造，体现着"人（工匠）-法（营造技艺）-物（乡土建筑）"的营造关联过程。本文构思的研究方法，拟从营造的本体出发，通过对工匠思维方法的解读和对营造技艺的总结，深度解析乡土建筑营造的实质，推进对乡土建筑营造技艺和形制构成的深度认知。

关键词：营造尺法　工匠主体　乡土建筑　地域营造技艺

[一] 本论文属国家自然科学基金资助课题，项目批准号：51078277，51378357。

立足于自然条件和人文习俗、采用传统经验、运用当地材料和简便易行的低技术手段是中国传统营造技术的突出特点。而其中作为建筑学科基础的空间尺度营造则是建筑设计、施工的准绳，直接体现着建筑营造的方法及思想。随着历史建筑遗产保护工作的逐步深入、传统营造技术研究的深化，传统营造思想在建筑实践中的地位在不断提升。这也就对从事传统建筑保护工作的建筑师提出了更加严格的要求，同时也是建筑历史与理论学科发展的方向。

一　匠者——营造技艺传承之本真

在传统农耕文化环境之下，工匠对营造活动有举足轻重的作用。一个地域的营造活动方式、匠师的帮派和约定俗成的营造风俗、师徒相袭的加工和建造习惯（或称"手风"），很大程度上决定和制约着传统建筑的形制和风格。本文提出的，就是从营造活动的主体——工匠出发，通过对其营造技术的系统化梳理，进而达到对营造技术传承本真的认知为研究目的，最终深刻

3

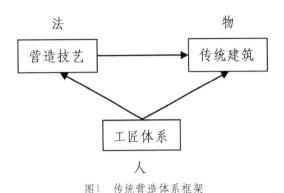

法　　　　　物

营造技艺　　　　传统建筑

工匠体系

人

图1　传统营造体系框架

了解乡土建筑的本体意义（图1）。

同一地区的营造传统明显呈现着持续、一致、稳定的传承特质，即在传统社会中人们会一代代传承其社会和个人的生活、艺术和工艺等形式。而负责营造建筑的匠师，必然会在传统社会中扮演着传承营造技艺的重要角色。他们"运用师承的既有建筑造型、空间组织规则，以及构筑方法，来支持人们的生活，因而他们采用传统社会中既有的建筑程序，确保他们与社会、建筑与聚落形式和谐地共同运作，提供反应整个社会和成员需求的场所"[一]。在传统建筑的营造过程中，工匠，特别是技艺超群的匠师，扮演着工程主持者的角色。匠师的独特地位使得一些地方得以保持一套完整的建筑营造程序和方法。这些传承下来的口述史料和记载地方民间建筑营造的文字图样，还配以大量民间禁忌和营造术语等等，强化了同一地区内部乡土建筑类型的持续性、一致性、稳定性和独特性。因此着眼于工匠视角对营造尺法体系的建立，是最能准确反映地域建筑类型营造技术特征的途径之一。

二　尺度——传统营造匠意之冲要

（一）营造尺法

一座古代建筑往往由成百上千乃至上万个建筑构件组成。这样的建筑从设计到施工必须要以某种既定的尺度系统为依据进行展开。从这一点推测，我国古代建筑均有其自身的营造尺度系统。而对于尺度系统的考察，依靠单一对实物的研究是远远不够的，从多角度定性、定量的深入展开是不可缺少的途径。乡土建筑不如许多大式建筑复杂，同时成系统的技术理论也相对缺乏，少见诸于世。但工匠在营造过程中则遵照其师承的营造技艺，并以当地的传统习俗为依据。其中包括大量关于尺度及形制确定的规矩、习惯做法以及常用的尺寸数据。这些构成了工匠营造建筑的营造尺法，它以其一定程式化的法则规范传统建筑的营造过程，进而形成了一定地域范围内建筑类型特征的一致性。同时通过对大量建筑遗存的实体测绘与数据分析，为工匠口头的营造尺法提供了佐证，也对尺法体系的建立提供了可供量化的实物依据。

建筑营造尺法研究的系统化，包括传统技术手法和研究的建筑实物等方面的理论化，给传统营造方式予以较为完整的体系，以达到技术和理论的对接。从现代建筑设计的角度看，尺度控制体系包括平面尺度、立面尺度、剖面尺度和节点设计几个主要方面。基于传统建筑的基本特点，对其营造尺度的研究划分为平面尺度和竖向尺度两大基本方面，具体则包括：开间、进深、层高、柱高、屋面坡度、庭院尺寸等具体指标。营造尺度的控制还有一个重要方面即是传统习俗和风水观念的影响，其中"压白尺法"至少是在南中国地区广泛取用的尺寸设计方法。

［一］转引自余英：《中国东南系建筑区系类型研究》，中国建筑工业出版社，2001年，第306页。

（二）营造尺的系统

营造尺的研究与营造尺度和尺法的研究直接相关，它主要包括历代及各地域的营造尺尺长、尺制和用法的解释。营造尺的研究除尺制和尺长的研究，近代保存下来的风水理论和民间的营造法式对于传统建筑营造具有更为重要的价值。

1. 尺制

概括地讲，与营造活动直接相关的用尺工具主要有曲尺和鲁班（真）尺两大系统。两种营造用尺在许多地区的称谓不同，见表1。

表1　中国南部部分地区营造用尺称谓

地区	曲尺称谓	鲁班尺称谓	五尺称谓	丈竿称谓
四川地区	拐尺	门今尺、门精尺、	鲁班尺	—
重庆地区	鲁班尺	门真尺、八卦门尺	—	—
湖北地区	角尺	量门尺、门公尺	鲁班尺	托篙
湖南地区	角尺、公平尺	量门天尺	—	—
江西地区	角尺	门光尺、门官尺、门广尺	鲁班尺、	水尺
浙江地区	鲁班尺	门光尺、玄女尺	—	—

曲尺，或称矩尺，为十进制系统，一般认为相当于历代日常用尺，即为官尺制。但从大量的调查中发现，民间普遍采用地方营造尺制进行乡土建筑的营造，尤其在中国南部范围内官尺系统的影响微乎其微。同时曲尺通过压白尺法具有择吉的风水功能，这一点几乎在大部分中国南部地区已经得到了公认。曲尺之长，即营造尺之长，在地域分布上呈现一定的规律，影响到地域建筑的构成和形制。

鲁班尺，为八进制，多用于量门、测定吉凶。其最早记载见于南宋的《事林广记》，《鲁班经》中也有关于鲁班尺的记载。在营造实践中鲁班尺多用来检测开门尺寸的吉凶。在做门时，以鲁班尺量取其门洞的高宽，并按照其尺寸所落的字论定门的吉凶。

5

在建筑营造中鲁班尺常与曲尺结合使用。乡土建筑营造若独立使用曲尺，则多以一、六、八为吉值；若将曲尺与鲁班尺结合使用时，则以曲尺一、六、八或者二、九为吉值，与鲁班尺第一寸（财）、第八寸（吉）结合确定建筑尺寸。在长江流域范围内大量的田野调查中发现，这种尺法仍被现在的乡土建筑营造工匠所使用。在不同的地区里，这种尺寸吉值虽大体上在此范围内，但大多已经有所简化，并呈现着独特的地域化特征。与鲁班尺相似，在浙南、闽北一带亦流传有九天玄女尺，主要用于定门光，尺制多为九进制或十二进制。

2. 尺长

现阶段普遍通行的公制长度单位是1959年6月国务院颁布的基本计量制度之一。其优点不仅在于单位的统一，而且全球通行，并长久有效。但是在漫长的历史岁月中，我国不同时代、不同地区，尺度长度量值却是在不断变化的（图2～4）。为了满足不同的用途又存在着长度等级和进位的不同关系。由此今天的度量标准与古代度量有着完全不同的内涵，表达不了各个时期独特的建筑营造思想、施工方法和意义。尤其无法准确直观的表明古代建筑营造尺度体系和权衡比例的关系。因此本文的尺法研究以地方营造尺长作为中介，对建筑数据进行尺度换算、尺度统一的工作，以求可以较为明晰的展现传统营造法则与思想。

3. 尺法

当今的传统工匠限于知识水平有限，而且经历"除四旧"的改革断代，使得传统技

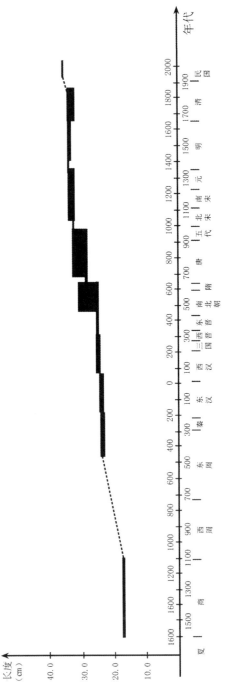

图2 历代营造尺长变化趋势图

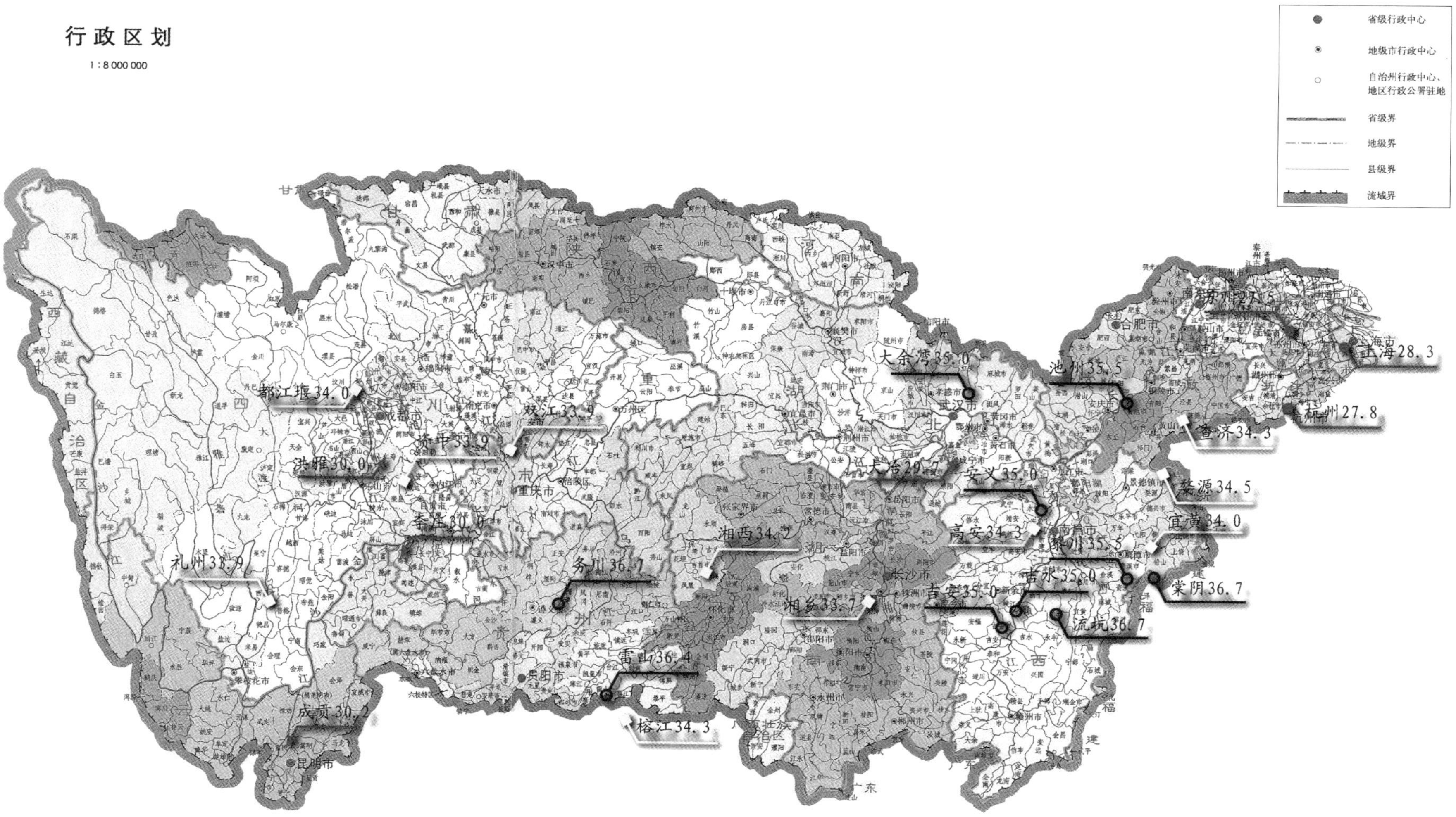

行政区划

1:8 000 000

图3 长江流域各地发现营造尺长分布图

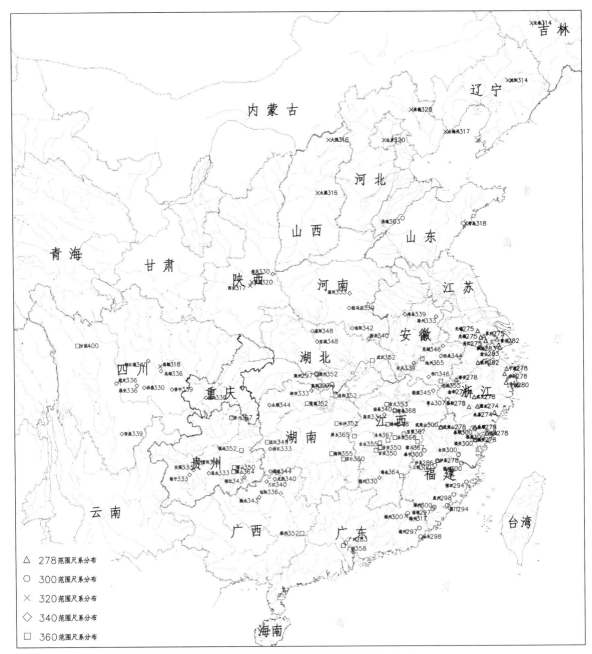

图4 部分地区调查营造尺分布图

术及营造习俗已流传很少。从传统科学分类上看，营造尺的尺长和尺制往往结合起来研究，属于科学技术史中度量衡史的内容。营造尺的尺法是古建筑设计和施工中的用尺方法，属于古建筑营造法式的研究内容。从设计技术的角度来看，营造尺法是古建筑尺度规律研究的核心内容。

即便是在现代建筑管理制度下进行的传统建筑营造活动中，由于大量的工匠群体还是在传统的师徒相传的制度下学成手艺，对于新公制尺度体系而言总是觉得不自然，因此民间依然活跃着的大量的匠作主力军，他们依据旧尺系统交流协作。而尺法体系是人们为营造匠作而创造的，匠作的主体是掌握着匠作技艺的工匠们。工匠创造了适合当地实践要求的营造尺度体系，又基于此种体系下培养了一代又一代的建筑工匠，并把这种体系固化在已有的体系之中，成为工匠群体的营造"惯习"[一]。

三 尺法——乡土建筑营造之系统

9

以往对中国古代建筑尺度体系的研究中，存在着几种代表性的观点：材份控制、比例控制、整数尺寸控制，这些观点多针对的是大式建筑。从对《营造法式》的研究中，可以看出"材份制"虽然只规定了部分构件规格的份数，没有明确规定关于房屋的间广、椽架平长、柱高等的份数，但木构架及小构件（如斗栱）的尺寸受材分制约，在从唐代以来的实例中即可以得到验证。而清《营造则例》中明确的总结了清代官式建筑构件尺度的规定，其中大式以斗口为各构件的尺度标准，而小式以檐柱柱径为各个构件的尺度标准。事实上它也仅仅限于京畿地区，到山西、山东等地似乎受约束的程度就小得多了。

相对于官式营造尺法的原则，乡土建筑的营造体现出了更大的灵活性和自由度。相对于"材分制"而言，民间建筑的尺度营造最看重的是材料的情况，有着"以材为祖"的倾向。相对于以往我们认识的古建筑中的整数尺开间，在广泛的乡土建筑营造中很少有见到与之吻合的情况。乡土建筑往往与官式、大式建筑区别甚大，其营造利用各地的曲尺、风水尺，运用不同的风水尺法，选取适用于不同地域的营造尺度。

乡土建筑营造尺度的内容受到其具体功能的影响。首先需要满足的是技术的需要，根据有限的材料满足居住目的，工匠多有"紧着料子做"的说法，乡土建筑营造的主要目的不像官式建筑那样追求宏伟气派的精神场

[一] 杨立峰：《匠作·匠场·手风——滇南"一颗印"民居大木作匠作调查研究》，博士学位论文，同济大学 2005 年，第 173 页。

面、追求整齐美观的视觉效果，而更多利用有限的条件来达到适于人居的简单目的，因地制宜、以材为祖，把经济、适用作为最基本的出发点。

如巴蜀地区，现存的乡土建筑以清代修建居多，已知的清代官方营造尺制为32.0厘米，而实地调研中发现多数工匠中仍流传着的传统营造尺则多为33.9~34.0厘米，同时这一类工匠群体依然采用着传统的营造方法和尺度系统进行着乡土建筑的营造，而对官尺却知之甚少。根据李浈教授对江南地区传统建筑的调研发现，江南乡土建筑多使用地方尺法，甚至影响到官式建筑，其对苏州玄妙观三清殿、上海真元寺大殿等宋元时期的建筑进行的地方尺法复原，可以明显看出官式建筑的整数尺开间原则[一]。

以往的研究中有对巴蜀地区的乡土建筑使用的是清代官尺进行复原，如有前学以清尺复原双江镇的杨尚昆旧居。由于考虑手工测绘数据及房屋年久变形等因素的误差，对测绘数据进行微调，进而使得其复原结果所得开间尺寸均以整尺、半尺和1/4尺见常，得出以整数尺为设计原则和以1/8清尺为最小模数的探讨。对实际测量数据进行微调印证了清代《工部营造则例》的通则，但就乡土营造的灵活性与地域差异等方面，这一结论并没能从大量年长工匠的营造经验中得到证实。因此笔者选用其测绘之原始数据进行折算以使得结论尽量趋近于真实。另外以当地地方营造尺33.9厘米为单位对其进行复原，其结果与当地工匠所传承的营造尺法进行对比分析。如表2、表3所示[二]。

表2　重庆双江杨尚昆旧居北立面开间尺寸表

位置 尺制	东三间			中三间			西三间			
	左次	明间	右次	左次	明间	右次	左次	明间	右次	总尺寸
公制/厘米	3700	4100	3700	4400	4700	4400	3500	4000	3500	36000
清尺/32.0厘米	11.6	12.8	11.6	13.8	14.7	13.8	10.9	12.5	10.9	112.5
地方尺/33.9厘米	10.8	12.0	10.8	13.0	13.8	13.0	10.3	11.8	10.3	105.8

表3　重庆双江杨尚昆旧居西立面开间尺寸表

位置 尺制	正堂				
	北稍间	北次间	明间	南次间	南稍间
公制/厘米	5020	5350	6000	5350	5020
清尺/32.0厘米	15.7	16.7	18.8	16.7	15.7
地方尺/33.9厘米	14.8	15.8	17.7	15.8	14.8

从以上两表中可以看出若以清尺（32.0厘米）对杨尚昆旧居进行尺寸复原，其结果难以证实整尺、半尺开间取值的传统尺法，即便以1/4尺为模数其复原尺寸亦多零散补齐之处。而在以传统地方尺（33.9厘米）为制进行尺寸复原则可看出，除北立面西次间和西立面正间以外，其余尺寸多约以0或8结尾，与工匠们所遵循的开间尺寸压8寸白或是开间取整的传统尺法相合，而正间与次间的开间差值也以1尺或8寸者出现频率最高。但复原数据中也出现了两例与此尺法不相符者。如北立面西次间复原尺寸为10.3尺，其与正间11.8尺相差了1.5尺，虽然没能按照压8尺法取值，但在正次两间差值上选择了以半尺为距，方便了取值计算。另有西立面正间尺寸17.7尺与传统尺法不符，但其数值也与压8较为接近，可以认为是工匠在营造过程中灵活施用尺法所致；抑或者因其西立面开间尺度较大，受于用料所限从而未能尽用尺法。

从总体上看，相比调整测绘尺寸而得的清尺基本模数观点远不及民间风水压白喜"8"而来得直接明了。以地方尺复原其营造尺寸可以较为准确的证明当地工匠所传承的乡土建筑营造尺法。这也证明了乡土建筑的尺度营造中往往不像官式建筑那样以整数尺开间及半、1/4尺的基本模数为原则，而更多的因就用地条件、在工匠经验尺度的范围内确定尺度规模。在具体的尺寸设计上，工匠往往"因材而用"，依据各地"惯习"采取压寸白的风水尺法取值。笔者通过实测洛带巫氏大夫第并进行尺度复原，亦印证了这一结论（图5）。

四 意义——传统营造之新角审视

以工匠视角的尺度营造为出发点对中国传统建筑的研究是对建筑史学领域的再一次丰富。"形而下者谓之器，形而上者谓之道。"由营造工具到营造技术、从建筑实体到建筑理论，正是从"器"升华为"道"的研究过程。

传统营造技术思想——即营造匠意，当前面临断代、消亡的危机。通过对古代文献中相关记载的梳理以及不同地域传统营造原则、思想的合理组织和记录，可以保存尽可能多的重要信息，对保护和传承营造技术有重大意义。

营造"匠意"和"匠技"是中国传统文化的组成部分之一，崇尚自

[一]李浈：《中国传统建筑木作工具》，同济大学出版社，2004年，第232～234页。

[二]测绘数据引自蒋家龙：《以清尺为单位对重庆市潼南县双江镇杨尚昆旧居平面尺寸的复原研究》，《古建筑施工修缮与维护加固技术交流研讨会》，2008年。

11

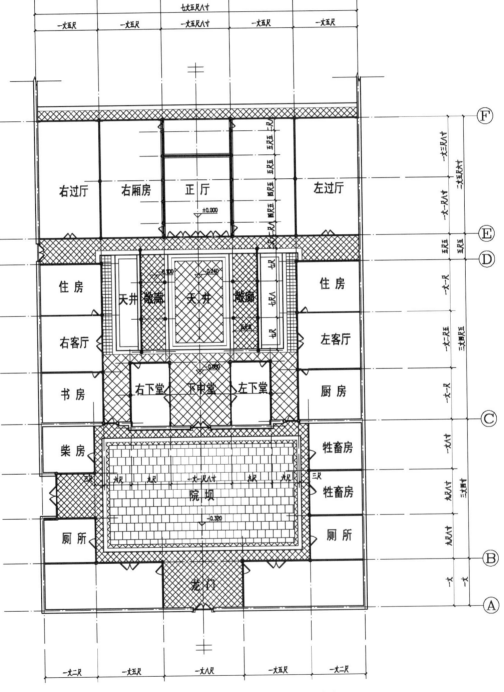

图5 成都洛带巫氏大夫第平面尺度复原

然、简单易行、经济适用是几千年传统工匠智慧的结晶。对其完整记录和保护，甚至复原和应用，是传统文化复兴的有机环节。在传统建筑遗产全面保护的当今社会背景下，应该尽可能保留更多设计思想的作用因素（匠意），以期更好的体现建筑遗产保护的真实性原则。

五　思路——突破建筑本身并兼顾地域差异之整体性考量

以上的研究，是一个系统化的艰巨工程。需依据文献资料和前人的研究成果进行相应研究框架的建立；并采取多种方式，广泛获得实体信息，包括准确可靠的数据资料以及文献之外依靠师承关系得以保留下来的营造制度相关信息。还需综合多方面信息进行尺度营造制度的系统化总结。

中国自古以来"重仕轻匠"，流传至今的古代营造典籍甚少。被建筑史界奉为圭臬的《营造法式》、《工部工程做法则例》等典籍也往往局限于官式建筑作法，少有涉及民间乡土建筑者。而传统营造技术手法依靠民间匠师口耳相传，至今在民间尚可寻觅。借助"活着"的营造方法与典籍中的营造技术进行对比，同时辨析民间营造与官式营造的源流影响，可以使得传统建筑营造体系更为完善与系统。

近年的研究和调查表明，中国传统建筑尺度营造方法似有一定的传承线索。然而中国幅员辽阔，各地传统建筑形制差异明显，但从历史脉络中认识中国传统营造技术无异于一叶障目。因此通过各地不同地域传统营造手法的系统总结，进而归纳不同地域的营造流派的分布与影响范围，划清匠域流派脉络是探清建筑形式产生主体的源流，这是地域性营造技术研究的必备环节，也是目前相关研究存在的空缺领域。

六　目标——走向系统性的地域营造技艺整体

借助工匠和匠帮的研究以及营造技艺的分析比对总结，最终仍是解决宏观领域营造技艺的系统性问题。具体则包括史料记载及各地方现存营造尺制、尺度工具使用制度以及风水用尺制度的复原；不同时期、不同地域传统建筑营造技术条件下空间尺度的确定规则（包括平面尺度确定、空间尺度确定、结构性能构件尺寸的选定等）；地域建筑营造流派的营造方法（包括设计方法、施工规则等）及分布情况（主要为各地方匠帮的影响范

13

围、交互作用情况等）；当下建筑遗产保护实践中尺度营造体系的规范化及其调适。以上种种尚需基于充足的数据材料以整体技艺之角度进行系统分析，通过深度解析乡土建筑营造的实质，推进对乡土建筑营造技艺和形制构成的深度认知。

参考文献：

[一] 《明鲁般营造正式（天一阁藏明刻本影印本)》，上海科学技术出版社，1988 年。

[二] 《绘图鲁班经》，鸿文出版社，1936 年。

[三] 王其亨：《风水理论研究》，天津大学出版社，1993 年。

[四] 程建军、孔尚朴：《风水与建筑》，江西科学技术出版社，2005 年。

[五] 李浈：《中国传统建筑木作工具》，同济大学出版社，2004 年。

[六] 余英：《中国东南系建筑区系类型研究》，中国建筑工业出版社，2001 年。

[七] 朱光亚：《中国古代建筑区划与谱系研究初探》，《中国传统民居营造与技术》，华南理工大学出版社，2002 年。

[八] 杨立峰：《匠作·匠场·手风——滇南"一颗印"民居大木作匠作调查研究》，博士学位论文，同济大学 2005 年。

【在实践与经验中的改进与创新】

——记广济寺大雄宝殿木作营造工艺的一些特点[一]

杨　达·上海建科结构新技术工程有限公司

　　摘　要：芜湖广济寺大雄宝殿的修建中，将北方官式建筑的外观形式进行地方适应性改良。通过结合当地习惯的样式选择和细部的经验做法，形成了既保留官式建筑制度特征，又符合当地地理气候环境、日常习惯和审美需求的营造工艺手法。

　　关键词：适应性改进　经验做法

[一] 本论文属国家自然科学基金支持项目，项目批准号：51078277，51378357。

　　广济寺大雄宝殿的修建是新中国成立以来安徽芜湖境内最大的一次传统木结构大殿营造活动。设计方案经过寺院及佛教协会的协调和选择，确定以北方清官式建筑的形象为蓝本。工程由具有数十年施工经验的安徽省古建园林市政建设有限公司承建。这次大木工匠是由来自徽州歙县的工匠队伍组成，工匠平均年龄超过五十岁，均有三十年以上的大木作施工经验，掌握着徽州地区沿袭下来的木作技术。这对大殿的施工质量是一种保证，也使异地域建筑形式在当地的适应性修改成为可能。

一　对异地域建筑形式的适应

　　在当前信息多元，文化交流频繁的背景下，传统的木构建筑也呈现出从筹划到设计，从选料到施工的多样化，营造工艺也如同建筑形式一样表现出不稳定的特性。芜湖地处长江之滨，历史上便是吴头楚尾，在生活习惯、语言及其他各方面都与古徽州地区有所区别，尤其是语言上与官话接近。从晚唐后大量居民的南迁，到长江水路沿岸城市频繁的商贸沟通等原因，都推动了芜湖文化多样性的形成。芜湖的建筑更新较快，目前城市内已经鲜有年代较早的历史建筑，主要历史建筑类型包括了古城区的明清时代的码头商铺和私人宅邸，近代外国殖民区域内的中西结合类型等，样式复杂多样，并非徽州特有的古典民居样式，这与外来人口带来的各种信息是分不开的。

　　位于赭山南麓的芜湖广济寺是香客云集之地，约在唐乾宁年间开始

15

建造，历经千年，素有"小九华"之称。自唐代以来几经修筑，北宋时期始称"广济寺"，最后重建约在清咸丰年间。目前部分区域归为安徽师范大学，寺院范围已经缩小到靠东沿九华中路一侧。现每逢节庆，香火兴旺不绝。寺庙在近40年内修建翻新甚多，布局已不复传统规制，如今存留建筑年代最早为清末。南北中轴线上原为照壁→山门殿→药师殿→大雄宝殿→高台阶→地藏殿→赭山塔。寺内建筑风格不甚统一，南北式样杂合，徽派（钟鼓楼、配殿）和苏式（药师殿、地藏殿）做法都有遗留，有些细部做法中还略带西南地区特征（原大雄宝殿），此外甚至还有民国时期留下的中西合璧的青砖建筑（二层藏经阁）。这些多样化并置的建筑群组使得新建的大雄宝殿在风格上也不显过于突兀，唯在新大雄宝殿体量上过大而与其他配殿失衡，且阻碍了原有中轴线上赭山石塔的视线关系（图1）。

重建之后，大雄宝殿由原来的三间扩大到七开间，保留原来的重檐歇山的形式，并改为大式作法。以清官式做法为依据的建筑在

广济寺并不是唯一，在2002年左右建造的前后两山门就属此类。但此前仿清式建筑结构均非完全木构，甚至连斗栱也为水泥倒模，细部粗糙，无法体现木结构特有的层次感和精密度，外观也略显呆板。这次大雄宝殿的修建通过徽州工匠的经验适当改进，使建筑呈现出北方雄浑骨骼下南方特有的俊秀，外观层次更为合理，与寺内其他徽派建筑也更为协调。

二 从图纸表述到工匠表述

由于现代建筑设计与施工的分工明确，从具体施工过程来说，施工图在分散构件中的作用十分小，更多是提供了整体的选址定位和主要框架结构的参照。由于现代施工图的引入，古建筑施工的尺度丈量单位从古代的鲁班尺演化到普通的市尺，进而根据图纸表述使用了公制单位，这都是为了满足现代标准化设计到施工理念的。此外徽州地区的工匠使用的定位表述也与施工图表述有别。根据施工匠人介绍，徽州古建筑的基本方向有前、后、东、西四个朝向。以正房排架正

（1）原大雄宝殿　　　　　　　　　　　（2）复建大雄宝殿主体

图1　大雄宝殿建造前后比较

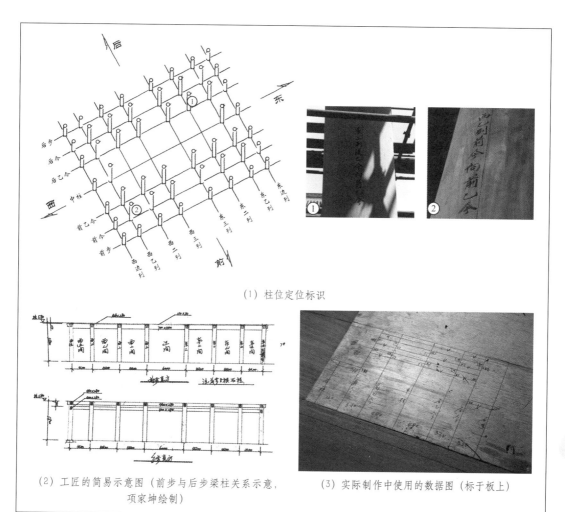

（1）柱位定位标识

（2）工匠的简易示意图（前步与后步梁柱关系示意，项家坤绘制）

（3）实际制作中使用的数据图（标于板上）

图2 部分当地标识与表述

立面的朝向为前，两侧为东西向，与一般地理意义上的四向并不一致。排架从前到后为前步、前今、前乙今、前二今、……中柱（若有）……、后二今、后乙今、后今、后步、依次类推；横向也以中间为对称，依次为西边列、西乙列、西二列、……、东二列、东乙列、东边列（图2）。其原理上与施工图的正交坐标系十分接近，但与具体施工关系更为密切，几乎每根大料上都有标注，并且标注位置都指向在建筑中心，且正反方向都有讲究。

　　大殿构件的名称表述多是参照了清式营造则例，不少词汇与工匠平时所经常使用的描述方式有所不同。由于多数普通木作工匠的文化知识水平较低，不用说施工图的识读，就连汉字的掌握也很有限。有些即使是发音类似，但写法不同，有些则只是符号。从施工图语言到工匠语言表述，以及分件模板的转换任务主要由项目中的技术施工员完成，这是当前很多古建筑修建项目中都存在的一个过程。从另一个角度来看，也是设计人员过于遵循经典书籍，同施工人员缺乏交流，逐渐限制了传统工匠的地方习惯做法和创造力。

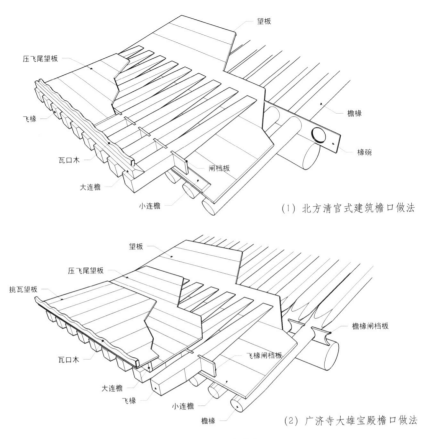

（1）北方清官式建筑檐口做法

（2）广济寺大雄宝殿檐口做法

图3　檐口做法上的改变

三　对细部工艺的改进

　　以北方清官式建筑的一般做法[一]，殿式檐口的大木部分主要有檐椽、椽碗、小连檐、闸档板、飞椽、大连檐、瓦口木、望板等构件组成。其中里口木可与小连檐、闸挡板选择使用这是较为完整的做法，在另一些地方，瓦口木、小连檐、闸档板等构件也可能简化。广济寺大雄宝殿的檐口在结合了南方传统建筑营造的经验后，在实际施工中进行了一定的修改（图3）。为了施工方便，将椽碗板改为类似于闸档板的形式，但不在椽上

开槽。为了节省工和料将圆椽不可见的部位保留方料截面，也方便椽子的固定。此外圆椽和飞椽段头都按照当地传统习惯进行了偏心的收分，形成略微上扬的视觉效果。檐口为了满足当地三分或三分半水法，在飞椽的望板之上又加一道望板，并在上面钉瓦口木并向外凸出约15厘米。该做法使得檐口形成更顺滑的曲线，也使瓦与飞椽之间形成了一个视觉上的层次关系，更重要的是瓦口突出对椽头有更好的保护，使椽子在多雨的安徽地区不易受潮腐烂。关于对椽头的保护，寺院内也有一些建筑类似苏使用了封檐板。而据当地工匠介绍，徽州传

统的檐口做法是露椽头的，能体现这与《清代营造则例》做法倒是接近。

　　《清代营造则例》中对歇山收山做法的尺度有一定的描述。广济寺大殿的上檐角梁后尾搭在交金童柱之上，与东西二列柱子距离1米，因此省去了子架而直接将各桁悬挑1.2米后立山花。一般清官式做法的山花板为立板，企口相接，贴于山花板和草架柱枋之间。而广济寺大殿修建中将山花板改用横板，当地根据其形状称为鱼鳞板。外表面倾斜上下微错，内部则用立条固定。这种做法密封性比立板要弱，其视觉效果类似横向的百叶窗，在南方多雨的城市能够起到较好的防水效果。

　　在梁枋交接和榫卯的制作过程里，实际施工的分构件在基本保持图纸构件样式的情况下，按照地方做法来设计制作的。梁枋与柱做全抱肩处理，为了保证更加好的密实度和精密度，制作榫卯是按照当地的"竹箭"法求得榫头与抱肩。同时通过"上方接上平，下方接下平，列方放直方，四方分通路"的原则分工协调制作梁枋榫卯。榫卯交接中附以地方特有的"关键"进行销固，这种"关键"前圆后方，中后部弯曲为弓形，打入之后由于本身的曲度，使榫卯节点结合得更加紧密，而且越打越紧（图4、5）。

[一] 具体参见马炳坚：《中国古建筑木作营造技术》，科学出版社，1991年，第188～189页。

19

（1）从柱子上找到卯口形状　　　　　（2）通过竹箭反映在梁枋制作

图4　当地榫卯的制作

　　在基础的设计中，考虑到上部梁枋加工时的误差，并根据经验适当放大。因为一般在榫卯的定位和加工过程中，画线常有微小的误差，并且在榫肩的四角任何一个角不贴合就会顶住，如原来中对中5米的枋子在实际装配中可能会有不超过3毫米的增量，因此在基础定位的时候是按每两柱间距超过设计3毫米计算,面阔七间的大殿累计就有2.1厘米的增量。这也是与当地一般民居有不同之处,因为民居的柱础可以在建造过程中随着柱子上部的误差而自由移动,而大殿的柱础因基础关系不能移动位置。这就保证了柱子在梁枋装配中至少不会外倾,最坏情况则是向内略有侧脚。此后在实际立柱过程中测量每根柱子最后都是竖直的。这就能体现大木匠多年实践得出的经验和手感。

在广济寺大雄宝殿的修建中以当地传统的手法阐释着一些非当地的样式,虽然在目前图纸标准化的前提之下,保证了大体结构的与设计要求的一致性,但在细节做法和隐蔽做法中足见经验的差别。同时作为一个好的木作匠师,在基本功掌握之后便是在实际的操作中不断积累经验,并通过基本功的运用,以合理的解决方案完成建造任务。参与工程的木匠汪继洪认为,木匠在掌握基本功的基础上,应当是能够制作出各种形式构造,就像做出各种不同的家具一样。由于工匠活动范围和获取信息途径的限制,其见识的局限也就造成了掌握传统技法的工匠的技术在传播意义上的区域化。而现代设计人员本身并非出自工匠世家,其对细节的考虑自然不如工匠那样深刻。而更重要的是,设计人员在教育与培训中的模式化正在逐渐消解其对地域和匠帮做法的认识。同时由于现代信息通讯技术的网络式发展,电子图纸化设计的流动性远远超过了手工匠人的手艺储备程度,这种传播程度的不对称也造成了上述异域建筑形式的工艺本地化的特殊创新,这是在古代社会很难出现的情况。然而这种样式与工艺的碰撞也带来了更多对当今本土建筑传统工艺环境稳定性的思考。

(本文的写作有赖于大殿施工经理毕建国的协助,在此表示感谢)

20

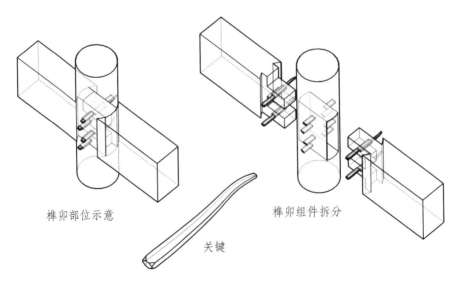

榫卯部位示意　　　　　　榫卯组件拆分

关键

图5　榫卯销固示意图

【江南地区古代木构建筑年代分析方法与实践启示】

——以虎丘二山门为典型案例[一]

周　淼·东南大学建筑研究所

摘　要：断代是古建筑研究的基本问题，而历经多次修缮并更换构件是古代木构建筑保存的常态。现存的大量宋元明建筑中都包含多种时代特征的构件，尤其在江南地区，建筑断代标准如何选取、年代分析方法如何建构是个重要课题。本文以虎丘二山门为案例，讨论古代木构建筑年代与价值认知、年代研究方法、江南地区构件样本库等问题，以及对文物建筑保护实践的启示。着重讨论了类型学方法在实物年代分析方面的运用。

关键词：木构建筑　断代　类型学

[一] 本论文属国家自然科学基金支持项目，项目批准号：51378102。

21

一　年代与价值认知

1.原始构件纯度与断代难题

古代建筑木构件容易出现腐朽、虫蛀、损蚀、强度退化的残损病害现象，需要在修缮过程中更换或修补残损构件、添加补强构件，历史上不断的修缮活动才能使其保存至今。然而，木构建筑修缮过程中不可避免地会换掉受损老料，后世工匠一般按照当时习惯的做法加工新添补的构件，新补构件与原始构件存在样式差异。每一次修缮都会对原物产生干预，修缮次数越多，累积干预程度越大，则换料率越高。尤其是南方地区的木构件非常容易受到潮湿和虫蛀的危害，原始构件很难保存至今。与换料率相对应的另一个概念是原始构件纯度，修缮次数越多，修缮中换料率越大，则原始构件纯度越低。笔者在调研过程中发现各级文物保护单位在当代修缮过程中换料率都非常高。

断代是建筑考古和建筑史研究的重要内容和基础工作。对于多次修缮并大量更换构件的古建筑，该如何做出准确的断代呢？虎丘二山门（后文中简称为二山门）精细测绘与年代分析，是东南大学建筑研究所师生自2013年至今所做的一项研究。在测绘调查过程中发现，二山门木构架上保存有多种样式的构件，即使在同一组斗栱中也有不同样式的斗、栱构件；不同的构件样式反映了不同的时代特征，可以推断，二山门上叠加了多个不同时期修缮所更换的构件；需要建构一套可行的工作和研究方法来解答年代问题。

2. 年代认识概念工具

根据二山门换料率高、叠加多个时期构件的特点，必须摆脱采用单一年代描述古建筑年代属性的方式，构建实物年代和形制年代两种年代认识的概念工具，以此来认识遗构的时代特征。

实物年代是指大木构架中包含的各种构件的年代层次。实物年代分析的目的正是通过样式比较来区分不同时期构件，并统计各时期构件的数量；进而可以研究该建筑历代修建改易的情况。实物年代的精确判断与文献记载丰富程度、该地区构件样式样本库完善程度、相关建筑考古研究深入程度有关；在几方面要素尚不充分的情况下，可以用朝代表示；线索较充分的情况下，则可以明确到某一朝某一期。

形制年代则关注现存主体结构和构造作法的时代特征。通常修缮不会改变原构架形制与结构作法，更换的新构件须要延续老构件的尺寸与榫卯作法，才能与原结构相匹配；另一种情况，是对某一部分结构做整体改易，这一部分结构反映后世的时代特征。因此，主体构架或某一部分结构能反映出明显的时代特征，经过分析，可以认识到始建时或是某次修缮改易部分的形制特点；明确这些形制特点出现的年代范围就是形制年代研究的目的。

3. 认识方法与价值评估

任何一座大木构架都是历史上若干次修缮累积的结果，或多或少地层叠、并置了多个时期的构件，这是木构建筑的保存常态。修缮活动是延续古建筑生命的重要营造活动，古建筑的面貌大多与始建之初迥异，呈现出来的是历次修缮活动叠加的结果。针对历次修缮活动的认识可称为修缮史。充分研究修造史，才能发掘更为丰富的历史信息，其历史价值也变得更加丰富。

年代层次认识打破了基于文物建筑单一年代判断所构建的价值观，换料率高的建筑原始纯度就降低了，其始建时的真实性和完整性就大打折扣；然而换料率高的建筑产生了另一方面的价值，即承载的历史信息更加丰富。因此，需要树立以修造史视角观察的价值评价标准，可称之为修造史方面的价值，是历史价值的另一个角度。

二 年代研究方法

1. 精细测绘与勘查

近十年来，多种新型测绘勘察仪器应用在古建筑测绘中，使得精细测绘、精确表达具备了技术基础。运用三维激光扫描技术获取空间尺度数据，包括开间、进深、举架等数据；亦可扫描一些难以用手工测量的构件细节，如斗栱栱头卷杀、月梁梁背卷杀等。还需逐个构件测量、调查构件工艺特征和改易痕迹，并登录表格。丰富的调查信息是年代研究的基础工作。

2. 类型学方法分析构件年代层次

这种方法是将大木构架视为有待发掘的考古遗址，将常用于器物研究的类型学方法运用于木构件分型定式，在不依赖 ^{14}C 测年的前提下，将一栋建筑中具有不同时代特征的构件做相对年代序列梳理，是为下一步使用技术手段进行绝对年代判定所做的基础工作。这一工作环节的引入有助于避免盲目取样做技术测年所产生的疏漏问题，使得取样更具有针对性。分型定式的依据不仅仅关注样式和形态，工艺、尺度也可作为类型分析的要素。而工艺作法是持续时间最短的"敏感"要素，相比以构件样式作为分型依据更为精确。

3. 二山门年代分析案例

在二山门年代分析中，架构了通过类型学方法分析遗构实物年代，运用样式比对、尺度校核的方法分析形制年代的理论方法体系，这种方法也适用于其他地区建筑年代分析。

对栱、斗、梁栿、柱等各类构件分别进行类型梳理，与其他遗构上年代可靠构件进行比对，找到各种构件类型对应的年代范围。构件分型的依据是不同时代构件的样式和尺度差异，以及损蚀程度。由于目前江南木构件样式样本库尚未建立，只能大致归纳出各朝代的样式特征。通过类型比较，发现164根栱类构件中宋式栱型仅占13.4%，元式栱型占3.6%，明式栱型占23.8%，一半以上均为清式和现代更换的栱，据此可建构栱类构件的相对年代序列。12道梁栿中，宋式1道，元式5道，清式4道，现代更换2道。

在形制年代分析方面，主要借鉴了北京大学徐怡涛老师团队的研究方法。选择二山门构架中的敏感结构作法，在江南地区年代与原形制均可靠的宋元遗构中寻找相同作法进行比对，找出该作法出现的时代上限与下限，可作为确定二山门形制年代的标尺。江南地区保存有数座宋元时期木构建筑和石塔以及大量砖芯木檐塔，亦可参照日本禅宗样建筑样式。经过比较，认为二山门基本延续了北宋中期形制特征。

结合文献记载的相关信息，可以找到二山门构架上更换元式、明式、清式构件的可能年代为后至元四年（1338年）、宣德年间（1426~1435年）和同治年间（1862~1874年），现代构件主要是1957年更换；进而可以通过 ^{14}C 测年对实物年代推断进行验证、校核。

三 测绘调查与记录

1. 考古发掘式精细测绘

随着古建筑研究的不断深入，针对木构架形制的测绘方法，已无法获取全面的信息。古建筑测绘须要成为考古遗址发掘式的、周期更长的系统工程，笔者称之为考古发掘式精细测绘，需要借鉴考古发掘记录和整理、考古报告编写的原则和方法。不仅仅是利用三维激光扫描和^{14}C测年等技术，提高测绘效率和精度。更重要的是，关注测绘对象不同构件间的差异性，并以差异性为线索，探寻年代层次的丰富性；发现大木结构中遗留的施工痕迹和构件表面加工痕迹；调查木材树种、石材和砖瓦种类，以及推测不同时期施工工艺。东南大学建筑研究所做的保国寺大殿研究正是通过对榫卯、构件表面痕迹的调查，取得了拼合料瓜楞柱并非原物、山面原为两架椽、前廊开敞、墙体用编竹薄壁等一系列重要发现，并据此对大殿进行复原研究。

2. 修缮过程中的记录

测绘常态保存的建筑，很难观察到榫头和卯口这类隐蔽信息。在修缮过程中（尤其是落架大修），可以发现很多与古建筑施工技术、加工工艺相关的信息。这就要求在修缮过程中的持续调查记录，补充完善隐蔽部位的资料。

四 江南地区构件样式样本库

构件年代层次类型学分析，需要以年代可靠构件的样式特征作为参照样本，而中国各地的建筑样式之间存在着显著的地域差异，甚至是一个省内也可分为若干区，针对每个区域的构件样式的时代特征建立的样本库做得越细越充分，越有助于年代判断的精度与准确度。

江南地区一些明代建筑也存在与二山门相同的状况，只是大木构架与斗栱形制保存明代特征，大量构件是后世更换的，这些后世更换构件反映后代的样式特征。如果不对整个江南地区木构件样式进行时代特征的梳理，很容易混淆许多晚期构件使用的年代上限。借助于文献题记和^{14}C测年，可以确定晚近的建筑构件样式，然后向前推，梳理构件样式演变谱系。例如，选取苏州、杭州、宁波等宋元明清木构和砖石构建筑保存较多的地区，由晚近时代干预较少的典型案例开始，逐步向时代较早的案例推进。首先选取晚清和近代案例，梳理构件样式和工艺特征；进而研究清中期建筑构件样式时，即可排除后代更换构件的干扰。后一个时期的构件样式特征明确之后，便可开展前一个时期的梳理。构件样式样本库的建立具有重要的文物研究意义，是重构江南建筑史的重要工作环节。

五 保护实践与公众展示

只有经过详细的实物年代层次判断，才能在修缮中注意保持这种差异性，可以有针对性地把年代较早、保存数量较少的构件保存下来。当今的修缮必然对遗构产生不同程度的扰动，因此详细的修缮记录是非常必要的；每一道工序、对每一根构件的处置方式，都需要拍照、记录，为后人的跟进保护和研究留下详细的资料。

可识别性是国际遗产修复的基本要求，而对于二山门这类经过历次修缮而叠加多种时期构件的遗构，可以用同一色系但有分别的色彩刷饰不同年代层次的构件，将构件年代层次通过色彩差异表现出来。同时，可以借助实物模型、视频和平面展板等方式展示该建筑的修造史，面向公众普及遗产保护知识，将理论研究、保护实践与公众参与结合在一起。

六 结 语

虽然二山门的文物真实性与完整性受到影响，但却是具有学术样本意义的古代建筑遗构。通过对二山门年代分析，建构起新的认识视角，尝试、摸索出一套精细测绘与研究的理论方法；这项研究对当代建筑考古、建筑历史研究及保护展示工程具有启发意义。

参考资料：

[一] 徐怡涛：《文物建筑形制年代学研究原理与单体建筑断代方法》，《中国建筑史论汇刊》，2009 年。

[二] 张十庆：《斗拱的斗纹形式与意义——保国寺大殿截纹斗现象分析》，《文物》2012 年第 9 期。

[三] 张十庆：《宁波保国寺大殿：勘测分析与基础研究》，东南大学出版社，2012 年。

[四] 孙立娜：《^{14}C 测年和观音阁修建史的初步研究——^{14}C 测年在中国古代木结构建筑中的应用》，硕士学位论文，天津大学 2012 年。

「建筑文化」

貳

【翼角做法的演化及其地域特色探析】[一]

张十庆·东南大学建筑研究所

摘　要：翼角做法是中国古代建筑技术中的一个重要内容，反映建筑发展的时代性与地域性特征，本文就翼角做法上的几个重要方面作一探讨，尤其着眼于翼角做法的地域特征、演化脉络以及南北特色的比较。

关键词：翼角做法　时代特征　地域特征

[一] 本论文属国家自然科学基金支持项目，项目批准号：51378102。

29

中国古代建筑的特点，很大程度表现在屋顶上，而屋顶造型及其相应技术的关键之一，又在于翼角形式上。翼角做法也是中国古代建筑时代与地域特征的典型表现，中国古代建筑南北地域特征以翼角形象最为显著。翼角做法的历史源远流长，其变化和发展亦带有显著的时代特征。翼角在构成上主要有角梁与角椽等要素，正是角梁与角椽的演化，促使了翼角做法的发展，尤其是南方翼角的角翘做法宋以后显著地区别于北方做法，从而形成南方建筑独特的形象特征。南方与北方在翼角做法上，或许从一开始就既不同源也不同流，尽管在发展过程中，相互的交流和影响促使了南北做法的接近和融合，但南北做法之间的差别仍是显而易见的。南方翼角做法亦经历了一个逐步演进的过程，两宋时期江南建筑翼角形象并非就如今日所见，极端的角翘应是元明以后的做法。

一　翼角起翘

（一）翼角形式

1. 从瓦作到木作

关于角翘的认识，首先应有瓦作角翘和木作角翘之分，否则早期翼角演化过程难以理清头绪。翼角的发展由平直至起翘，是汉魏以来翼角演化的趋势，而翼角起翘之始，最初应源自瓦作起翘，也就是说角翘的发展，在初期经历了一个从瓦作到木作的过程。而后世所熟见的大木角翘的历史，远没有我们想像的那么远久，或可说是很迟以后的事。长久以来，我们多以《诗经》"如鸟斯革，如翚斯飞"为据，认为建筑角翘起于《诗经》时代。然事实并非如此。由已知形象史料可见，约在隋唐以前，由大木结构所形成的檐口形象都基本是平直无翘的。然由瓦作形成的翼角起翘，至少汉代以前即已多见。也就是说早期文献中关于翼角起翘的描述，应都指的是瓦作角翘而已。而《诗经》的描述应是对屋盖整体形象的形容比拟，而非特指翼角起翘形象，其中更多的是一种由比拟而生的想像和夸张。

从瓦作起翘到木作起翘，其间经历了漫长的演化过程，真正的翼角起翘，应是转角大木结构发展的结果。木作起翘的成熟，使得翼角飞檐更具早期所追求的鸟翼意象。隋唐以后翼角木作起翘做法渐普及于南北，然后世仍见早期瓦作起翘的残留与延续，如江南的水戗发戗做法。

2. 木作角翘

关于翼角做法的演进，如上所述，尽管古代很早就有对翼角起翘的追求和表现，但真正有意识地以大木结构（指角梁的变化）形成翼角起翘则不会太早，估计也就始于唐代以后。而在此之前则多是通过瓦作以及翼角构件截面高差（角梁与檐椽上皮的高差）等形式，形成平缓的微小起翘。由敦煌壁画中可见，至盛唐时期，许多大型建筑的大木檐口仍是平直，角翘多是瓦作而成，仅有少数重要建筑出现了大木角翘形象。另据日本唐招提寺金堂已用生头木推测，中土盛唐时期，翼角大木结构应已开始有意识地追求和强化翼角起翘及檐口曲线的效果。而晚唐五代及北宋建筑上，通过调整大角梁的角度、

子角梁头微翘等做法，形成了北方建筑翼角檐口平缓柔和升起的基本风格和相应做法。

唐人关于秦阿房宫的描绘，有称"檐牙高啄"（杜牧《阿房宫赋》），这是以唐代建筑所作的推想。然根据各方面史料来看，唐、辽、北宋建筑的翼角大木结构是不高翘的[一]，所谓"檐牙高啄"应是对瓦作起翘的夸张描述。这一时期江南建筑的翼角形象和做法应与北方大致相似，江南现存五代宋初实例也证明了这一点。如杭州闸口白塔、灵隐寺石塔的翼角即仅微作上翘[二]。然五代宋初由杭州至汴梁的匠师喻浩，对建于唐睿宗时（710～712年）的大相国寺楼门结构，"他皆可解，惟不解卷檐尔"[三]。不知此"卷檐"何指，似也未必就是指大木角翘，然此终表明其时南北建筑檐部做法不尽相同。

翼角大木起翘，南北有其差异，尤其是在宋代以后。相信南北方翼角做法在源与流上都各有相应的地域特征。从现存遗构来看，自宋以后翼角做法及其形象南北已有相当的差异。尤其是南宋以后，南方对翼角陡峻起翘的追求，使得南北翼角差异日趋显著，高翘的翼角成为南方建筑形象上的重要特色。而这种南北翼角形象上的差异和对比，是随着宋以后南北翼角做法不同的演化而逐渐形成的。

（二）角梁与角翘

角翘形成的根本原因在于角梁与檐椽端头的上皮高差，故翼角起翘与角梁做法密切相关，翼角起翘及其程度，最终取决于角梁的构造关系。尽管角梁做法丰富多变，然大致可归作两类：其一，通过改变大角梁角

度，即以降低大角梁后尾、抬高大角梁前端的方式，形成角梁头与檐椽头的高差，构成翼角起翘，此可称为大角梁法；其二，以子角梁（仔角梁）头上折翘起的方式，形成角梁头与飞子头的高差，构成翼角起翘，此可称为子角梁法。两种做法自成体系，各具源流，时代性与地域性亦各有特色。

1. 大角梁法

所谓大角梁法，概括地说就是通过改变大角梁倾斜角度所形成角翘的方法。在早期角梁做法中，大角梁的前后支点与檐椽相同，即前端置于橑风槫上，后尾置于平槫上，故大角梁与檐椽的坡度相同，其翼角亦大多平直，几无大木角翘。即使由角梁和檐椽断面高差所形成的翼角微翘，也是十分平缓和不显著的。且这种微小角翘也非有意识的追求，而是翼角构造做法的被动结果，此是唐以前大角梁的普遍做法和特色。就子角梁而言，这一时期子角梁背为一直线，端头不上折翘起。故重椽檐口，翼角亦是平直无翘，或仅平缓微翘，在性质上同于上述大角梁。其形象如敦煌莫高窟445窟壁画"拆屋图"中，大角梁后尾置于平槫上，子角梁前端平直不上折（图1）。大角梁后尾置于平槫上的做法，现存实例中以南禅寺大殿为最早，其后有大云院大殿、隆兴寺摩尼殿等例，此为角梁由来已久的传统做法。

北方真正意义上的翼角大木起翘，始于通过改变大角梁角度所形成

[一] 关于北方翼角做法，刘致平先生也认为："一般唐、辽、宋建筑的翼角做法是不高翘的，而是子角梁贴伏于老角梁背上，前端稍昂起，尤其是北方"，见刘致平：《中国建筑的结构与类型》，中国建筑工业出版社，1987年。

[二] 也有认为江南地区于唐代后期即已出现了角梁起翘做法，其例为唐咸通六年（865年）浙江海宁盐官安国寺石幢的一组八角攒尖顶檐子，并早在北宋时期，嫩戗发戗结构形式即已出现，南宋至元代在江南一带流行。高文认为，嫩戗发戗做法出现的时间，以福州鼓山涌泉寺陶塔（1082年）为雏形，其嫩戗斜插于老戗前端作45度高翘。见高念华：《对江南地区角翘问题的几点看法》，《古建筑园林技术》1987年2期。然此唐构不是以角梁与子角梁增加高度而达到起翘的目的，仅为单角梁向上弯翘，有夸张的成分，似还不应看做是真正的角梁起翘。而灵隐寺石塔已是老角梁和子角梁皆备，然子角梁前端未上折，故翼角仍起翘柔缓。

[三] [宋] 陈师道《后山谈丛》卷三："东都相国寺楼门唐人所造，国初木工喻浩曰：他皆可解，惟不解卷檐尔。每至其下，仰而观焉，立极则坐，坐极则卧，求其理而不得。"（《后山谈丛》，《丛书集成初编》本）。

大角梁后尾压在平槫上

仔角梁前端不上翘

图1　敦煌莫高窟盛唐壁画拆屋图（445窟）
（萧默：《敦煌建筑研究》，机械工业出版社，2003年）

的角翘。具体而言，即改变传统的大角梁后尾位置，从搭于平槫上转为压于平槫下，使大角梁角度变缓，甚至大角梁角度近于水平状地处于平槫下，相应地梁头显著抬高，大角梁头较檐椽头高出甚多，形成了显著的翼角起翘。如果说大角梁后尾由搭于槫上改为压于槫下，最初是为了保持角梁的平衡，防止倾覆，那么此后角梁后尾继续下沉，角梁坡度更趋平缓，从而高高抬起角梁端头的做法，则是对角翘有意识的追求，山西地区大角梁平置的角翘做法即相当典型。在北方建筑中，山西建筑翼角起翘特别显著，正是因为其大角梁坡度平缓乃至平置的缘故[一]。这一时期，由于大角梁的变化，在翼角构造上产生了相应的隐角梁做法，即由于大角梁尾置于平槫下，而于平槫上另加隐角梁的做法。故北方这种翼角起翘做法，亦可称作是由大角梁变化而形成的隐角梁做法。其形成时间推测应在唐末五代间，五代平遥镇国寺大殿为已知早期实例之一，其他如晋祠圣母殿上檐等（图2）。相应地，北方翼角起翘的显著化，应始于大角梁后尾位置的改变以及隐角梁做法的成熟。

隐角梁做法见于宋《营造法式》大木作制度，其殿阁大角梁后尾压于平槫下，平槫上另加隐角梁，"随架之广，自下平槫至子角梁尾"[二]。这一翼角做法于唐宋以后，成为北方翼角的主流形式。根据调查，黄河流域百分之九十五以上的翼角做法采取了这一方法[三]。

2. 子角梁法

所谓子角梁法，概括地说就是以子角梁上翘所形成角翘的方法。

子角梁的演化大致经历了如下三个阶段：梁头从平直不翘到上折翘起，从上折起翘再到梁身陡立。其中既有时代因素，又有地域因素。相对于北方多以大角梁调整翼角起翘变化，由子角梁演化所产生的角翘变化，更显著地表现在南方翼角起翘上。也就是说，北方角翘做法上即使子角梁头微有上折，但其角翘也主要是由改变大角梁角度而形成的。而南方宋元以后的陡峻角翘，则主要是由子角梁陡立所产生的。至于大角梁形式，南方则一直承袭旧制，取大角梁后尾置于平槫上的做法。

子角梁及翼角飞子的前端上折，成为翼角起翘的新途径。但重椽翼角并不一定就有角翘，角翘与否取决于子角梁前端是否上折。早期北方一些建筑上虽有子角梁，然端头多不上折，亦无角翘，如北齐定兴石柱以及敦煌宋代窟檐（图3、4）。

子角梁头从平直不翘到上折翘起，约是在宋代以后。敦煌莫高窟445窟壁画拆屋图中的子角梁前端平直不上折，北方辽宋建筑（如山西地区）部分建筑子角梁头底部略有收杀，但梁背却为直线状，角梁前端不上折，如应县木塔等。河北正定隆兴寺摩尼殿上下檐角梁构造中，子角梁背亦为直线，几无上折。北方直至《营造法式》时期，才有关于子角梁头上折的明确记载。《营造法式》"造角梁之制"：子角梁"头杀四分，上折七分"。子角梁"头杀四分"只是为了梁头的装饰，与角翘无关，而"上折七分"的目的则直接就是翼角起翘。然《营造法式》所记子角梁端头杀少折多的做法，反更近于南方的特点，北方则恰相反，甚至只杀不折。推测子角梁前端上折做法应始

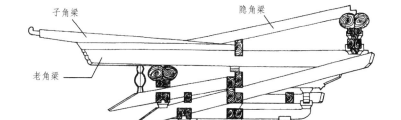

图2　晋祠圣母殿转角隐角梁做法

（郭黛姮主编《中国古代建筑史（第3卷）》，中国建筑工业出版社，2003年）

[一] 关于北方山西地区大角梁角翘法，参见张十庆：《略论山西地区角翘之做法其及特点》，《古建园林技术》（37），1992 年 12 月。

[二]《营造法式》卷五·大木作制度二·阳马。

[三] 朱光亚：《法内之式与法外之法》，《纪念宋〈营造法式〉刊行 900 周年暨宁波保国寺大殿建成 990 周年学术研讨会》，2003 年。

图3　河北定兴北齐石柱小屋檐口翼角

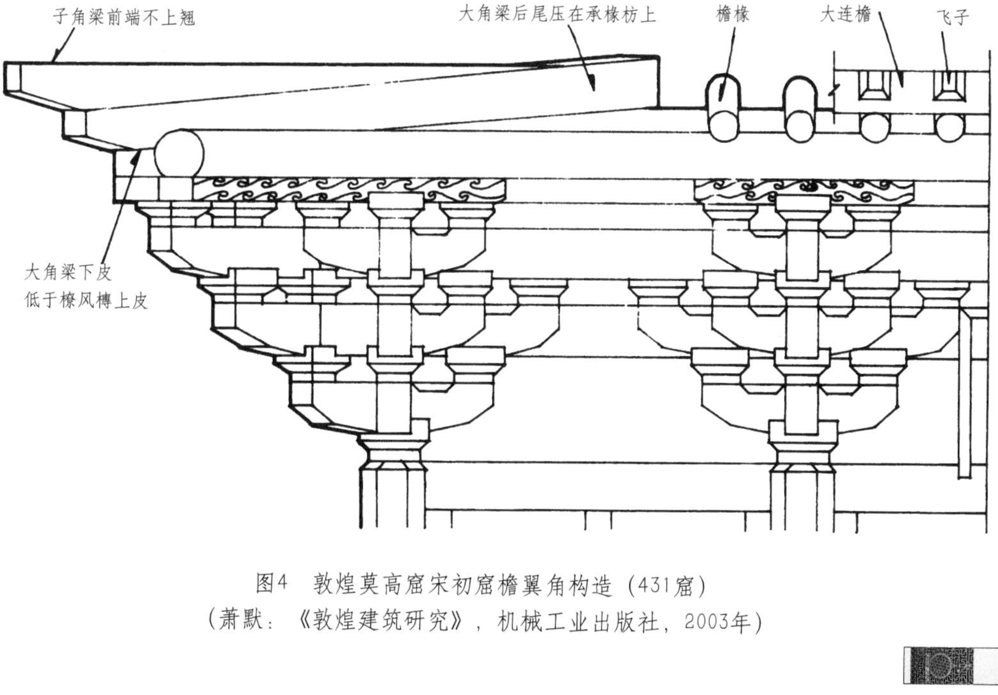

图4　敦煌莫高窟宋初窟檐翼角构造（431窟）

（萧默：《敦煌建筑研究》，机械工业出版社，2003年）

于南方，再由南而北传播。当北方子角梁前端上折开始多见时，江南翼角子角梁已显著翘起成陡立状，故子角梁上折做法在江南的表现，更为突出和具特色，且最终发展和演化为嫩戗发戗的做法。

3. 从梁头上折到梁身陡立

宋代以后，南方翼角做法演化的关键在于子角梁，也即子角梁逐渐上翘的强化倾向。为追求显著的翼角起翘效果，南方子角梁逐渐由梁头上折做法向梁身陡立做法发展，角翘程度益趋陡峻。南方后世所见子角梁陡立的嫩戗一类做法，应是早期子角梁前端上折做法发展至极端的产物。明清时期江南翼角做法主要有两种嫩戗发戗和水戗发戗两种，而真正以角梁起翘的则是嫩戗发戗做法。 故南方这种翼角起翘做法，亦可称作是由子角梁变化而形成的嫩戗发戗做法。

五代至北宋间江南一带的建筑的屋角起翘尚较平缓，和明清时期江南的嫩戗发戗迥然不同。南宋以后，角翘渐为陡峻，其关键在于角梁做法的新变化。据分析推测至南宋晚期和元初，江南翼角做法有显著的发展，已初步形成了后世所谓嫩戗翼角做法，并在明代达成熟和普及。江南宋元以后，子角梁的发展由早期的梁头上折到梁身陡立，是南方追求显著翼角起翘的产物，其间经历了一个逐步演化的过程。

根据史料和遗构分析，南方子角梁的梁身陡立上翘做法，初见于北宋，福州鼓山涌泉寺北宋陶塔子角梁已陡然上翘，为遗构中所见最早者（图5）。至南宋以后子角梁上翘做法已较为多见，木构如南宋泰宁甘露寺建筑，子角梁起翘较大；石构有南宋泉州开

元寺仁寿塔，其子角梁亦已上翘（图6），而浙江宁波天封塔地宫出土南宋银殿，翼角高翘，虽未做角翘构件，然无疑也是子角梁上翘的结果（图7）。另有《五山十刹图》（1248年）所记南宋江南建筑，其中金山寺佛殿及何山寺钟楼翼角翘起已相当显著，其程度虽尚不及明清时期的成熟嫩戗发戗角翘，但其子角梁上翘是十分明显的（图8）。同图所记临安径山寺法堂（建于1201年）剖面图以及小木作宝盖图都证实和记录了这一

图5 福州涌泉寺陶塔翼角起翘（北宋）[一]

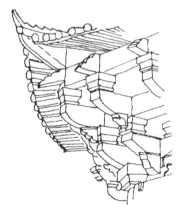

图6 泉州开元寺仁寿塔翼角上翘子角梁（南宋）
（潘谷西：《营造法式初探（一）》，《南京工学院学报》，1980年4期）

34

点，其子角梁陡立于大角梁头上，与明代嫩戗发戗角梁做法已无本质的区别（图9）。此外，南宋浙江延庆寺塔角梁后尾所发现的三角木，据分析是上翘子角梁与大角梁所成钝角间找曲线用的垫木[二]，金华天宁寺大殿（元代）子角梁的上翘，是由六层楔形木件叠置构成（图10），其翼角起翘效果已近于嫩戗发戗翼角。元代苏州寂鉴寺石殿上见有牛角状上弯子角梁，而至明代苏州出土铜殿上，翼角子角梁上翘并与大角梁成一角度的做法，已更为显著和成熟（图11）。因此可以认为，江南翼角嫩戗发戗做法，发端于北宋，逐渐形成于南宋至元这一时期。故南宋楼钥形容和描述绍熙四年重建（1193年）的天童寺山门阁，称其飞檐翼角"檐牙高啄，直如引绳"[三]，

[一] 曹春平：《福州鼓山涌泉寺北宋二陶塔》，《建筑史》，2003年1辑。

[二] 黄滋：《古塔维修中的原状分析》，《古建园林技术》（57），1997年4期。

[三] [南宋]楼钥《天童山千佛阁记》记述南宋绍熙四年（1193年）重建的天童山门阁。（楼钥：《攻媿集》，《丛书集成初编》本）。

35

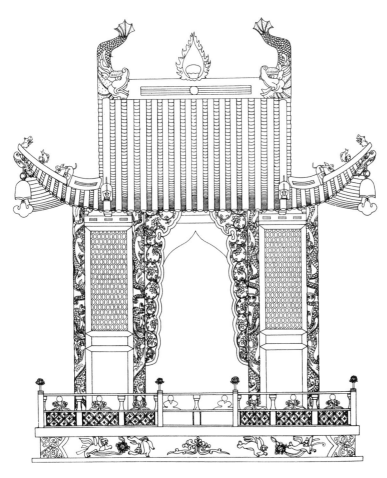

图7　宁波天封塔出土银殿模型立面图

（林士民：《浙江宁波天封塔地宫发掘报告》，《文物》1991年6期）

贰·建筑文化

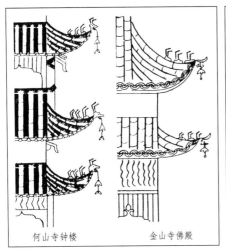

何山寺钟楼　　　　　　金山寺佛殿

图8　南宋金山寺佛殿与何山寺钟楼角翘
（《五山十刹图》）

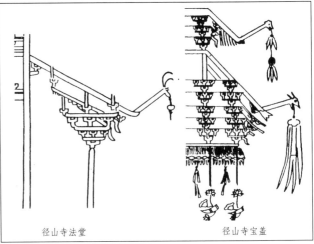

径山寺法堂　　　　　　径山寺宝盖

图9　南宋径山寺法堂及宝盖角翘
（《五山十刹图》）

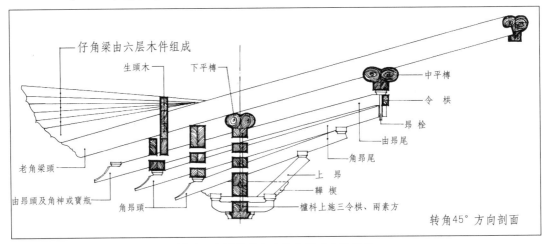

仔角梁由六层木件组成

生头木　　　下平槫

中平槫

令　栱

昂栓

由昂尾

角昂尾

老角梁头

上　昂

由昂头及角神或宝瓶

角昂头

鞾楔

栌枓上施三令栱、两素方

转角45°方向剖面

图10　金华天宁寺大殿上翘子角梁做法
（梁思成：《营造法式注释（卷上）》，中国建筑工业出版社，1983年）

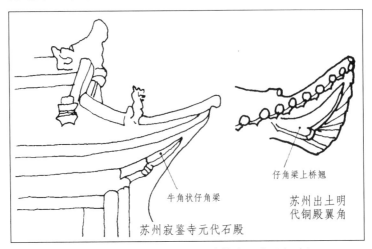

牛角状仔角梁

仔角梁上桥翘

苏州寂鉴寺元代石殿

苏州出土明代铜殿翼角

图11　苏州元明时期铜、石殿遗构表现的翼角形象

而此阁翼角在技术做法上，当全然不同于唐人所称的"檐牙高啄"（杜牧《阿房宫赋》），南宋翼角在大木做法上，较前代有了质的变化。

所谓南方翼角做法，其实各地别有特色，但翼角起翘子角梁法是它们的共通之处。如岭南地区虽同属子角梁起翘型，但在具体方式上与江南又有不同，其将子角梁（称爪）前端做成上翘的曲线状，俗称"鹰爪式"（图12），而江南则将子角梁斜插于老角梁（称爪把子）上。四川地方翼角起翘甚大，爪把子（老角梁）上安高翘的爪角（子角梁），爪尖朝上坐于爪把子上，称作爪角发戗。其做法尽管独特，但其实质也仍是子角梁起翘的形式（图13）。

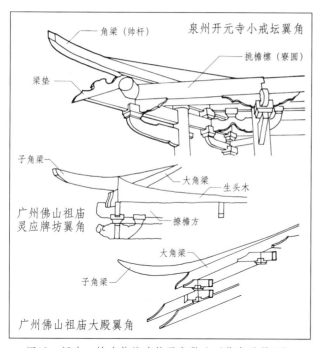

图12　闽南、岭南传统建筑翼角做法（曹春平供图）

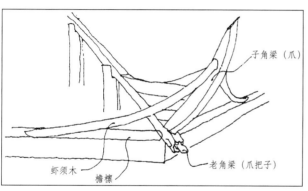

图13　重庆张飞庙翼角做法（朱宇华：《重庆三峡地区祠庙建筑特色》，《纪念宋〈营造法式〉刊行900周年暨宁波保国寺大殿建成990周年学术研讨会》，2003年）

江南角翘的关键在于子角梁，故江南无子角梁者，翼角木作本身则不起翘，如水戗做法。其泥作起翘则以翘脊内插上翘曲状铁板而成。

上述的北方"大角梁－隐角梁做法"和南方"子角梁－嫩戗发戗做法"这两类起翘形式，翼角形象大不相同。北方由大角梁变化所形成的翼角起翘，较为平缓舒展，而南方由子角梁变化所形成的翼角起翘，则显著

和陡峻，南北地域间的审美趣味表现其中。唐以后推动角翘发展的动力，或更多在形式的追求，而非结构上的需要，尤其是南方。此外，木作角翘做法或许自唐代形成之始，就带有相当的装饰和等级意义，如长安韦洞墓壁画所表现的建筑翼角形象所示，角翘显然已成为一种等级和装饰的标志（图14）。而对这种角翘装饰做法的追求，或也成为促使木作角翘做法普及的动力之一。

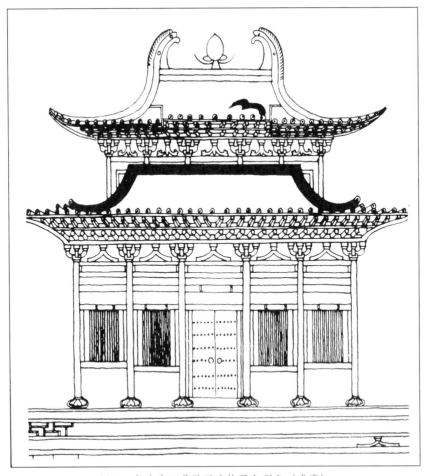

图14　长安韦洞墓壁画建筑翼角形象（盛唐）

（傅熹年：《傅熹年建筑史论文集》，文物出版社，1998年）

二 角椽排列

（一）平行椽与扇列椽

1.时代性与地域性

在翼角做法上，除角梁以外，角椽做法是另一个关键，也即角椽的排列形式。翼角形制与角椽排列形式有密切关联。关于角椽排列，有扇列椽与平行椽这两种形式，而这两种形式似又表现有不同的源流关系及相应的时代与地域性特征。大致而言，早期（唐宋以前）平行椽做法北方多用，扇列椽做法则多见于南方。而关于两种做法的时代性，基于二者相应的地域性，很难说平行椽做法就一定早于扇列椽做法，尽管一些现象似乎表明平行椽做法更早。据已知史料，平行椽做法汉代已见，然扇列椽做法的出现也不迟，南方汉阙中即多用，如四川绵阳平杨府群阙、雅安高颐阙、芦山樊敏阙、渠县沈府君阙、渠县冯焕阙等均为扇列椽形式（图15）。

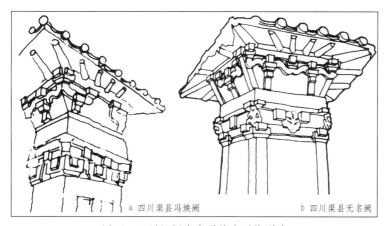

a 四川渠县冯焕阙   b 四川渠县无名阙

图15　四川汉阙中表现的扇列椽形式

从形式及做法上看，平行椽显然较扇列椽来得简单。然从构造角度而言，扇列椽无疑更为合理。若再以角梁的形成来自于角椽这一推析视之，扇列椽似应早于平行椽。平行椽的出现，应是在角梁形成及翼角结构趋于成熟后的产物。南方汉阙扇列椽做法中，角梁在形式与尺度上都与檐椽相近，实际上即是角椽；与同期北方比较，南方汉阙扇列椽做法早期特征明显。而汉晋北方平行椽做法上，角梁在形式和尺度上都显著区分于檐椽。无疑在平行椽做法上，角梁增大的要求更为强烈。如北齐定兴石柱小屋，其角梁高宽都大大超过檐椽。

　　若将翼角发展从角椽到角梁视为合理的逻辑过程，那么扇列椽做法则是原生做法，平行椽做法则是次生做法。

　　另据日本考古发掘，日本在平行椽做法传入之前，扇列椽做法就已存在，也就是说扇列椽有可能先于平行椽传入日本。1957年发掘调查飞鸟时期的四天王寺讲堂时，即发现塌落的扇列椽遗迹。日本飞鸟时代（553～644年）相当于中国南北朝末至唐初，此讲堂建于7世纪中叶，这一发现表明了飞鸟时代建筑相对于中国建筑的时代与地域特征。日本飞鸟建筑的技术源流，通过朝鲜半岛三国时代的百济，与中国南朝关系密切，此例提示了南朝建筑扇列椽的特色。飞鸟时代以后，日本受唐代中原建筑的影响，其翼角均为平行椽。日本直至中世输入江浙南宋技术后，扇列椽才再次重现于日本，这也间接地反映了中土檐椽做法的时代和地域特征。推测以飞鸟样式重建的法隆寺建筑，在翼角做法上，可能取用了当时传入的初唐中原的平行椽做法。

　　东亚朝鲜半岛三国时代的早期建筑亦有类似现象。其时百济不仅与中国南朝交往密切，并成为中国文化传播日本的桥梁，影响了日本飞鸟时代的建筑。百济故都扶余出土有金铜塔片，其翼角也是扇列椽形式，其源流特征应与日本飞鸟时代的四天王寺讲堂相同。东亚诸国的相关现象表明，翼角扇列椽形式应是中国南方早期的地域性做法。

　　由以上分析可以认为，至少在南北朝及盛唐以前，平行椽做法盛行于北，扇列椽作用则带有显著的南方地域特征。然北方在

北朝时也已见扇列椽做法，如北魏云冈石窟五重塔。中晚唐以后，扇列椽做法渐南北通行。推析汉至南北朝时期，扇列椽与平行椽或是两个各具源头的并行发展。南北朝隋唐以后，扇列椽做法渐取代平行椽做法成为主流，在角椽做法上最终两源并成一流。故椽列形式的平行与扇列之分，在初期应较多地表现的是地域特征，而唐以后随着扇列椽做法的普及，平行椽反成为时代特征滞后的一种表现。北方如敦煌宋代窟檐因地处较偏，仍承的是唐代平行椽做法。

　　南方多存古制，在角椽做法上亦有表现。平行椽做法这一古制，在北方唐以后就逐渐为扇列椽所取代，南方虽以扇列椽做法为主流，然平行椽做法两宋以来仍时可见，如北宋初杭州闸口白塔及灵隐寺石塔，其翼角做法近于平行椽，角椽与角梁仅稍有斜度而已，均表现出平行椽向扇列椽过渡的中间形态；而湖州飞英塔内南宋石塔，则更表现出典型的平行椽做法，翼角平行椽直接交于角梁上（图16）。四川一带翼角做法，直至明清以后，仍存古制，翼角角椽平出，迥异于他地普遍的扇列斜出做

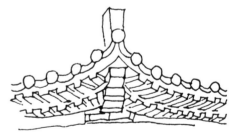

图16　湖州飞英塔内南宋石塔的平行椽做法（李开然：《春别江右，月落中原——10世纪后之中国建筑南北比较》，硕士学位论文，东南大学2001年）

法。至于早期扇列椽做法在南方运用的范围及时代，尚不甚清楚，亦少实例可证，故在许多方面也只是一种推析，仍有疑问。

2. 扇列椽的性质与意义

中唐以后，翼角扇列椽做法渐取代平行椽做法，普及于南北。具有承檐作用的扇列角椽取代纯装饰作用的平行角椽，其中改善翼角结构性能的目的是显而易见的。然对于扇列椽特殊装饰效果的追求似也存在，并由装饰性进而衍生出等级的意义。

对于北方建筑而言，扇列椽的装饰意义或表现在两个方面，其一，扇列椽的新颖形式及渐变的韵律趣味，不同于旧有的平行椽形式，檐下视觉效果更加完整和丰富；其二，扇列布椽形式使得《诗经》时代以来一直追求的屋宇与鸟翼的比拟更加直观和形象，扇列椽做法使屋宇更具飞动飘逸之势，相信早期扇列布椽形态应与羽翼的比拟和联想相关。正如有关研究所指出的那样，在古人屋宇与鸟翼的比附中，椽列形态与鸟翼羽毛排列形式有密切的对应关系[一]。

[一] 王鲁民：《中国古代建筑文化探源》，同济大学出版社，1997年，第15页。

在椽列形态上，扇列椽形式无疑反映有一定的审美趣味和相关意味。扇列布椽形式似又经历了一个演化过程，具体表现在扇列椽起始位置的不同。其位置有从平柱起、从梢间内柱起以及从角柱起三种，虽只是量上的区别，然对翼角形象及檐下视觉效果有相应的影响。一般而言，时代越早，扇列椽起始位置越靠内，然对应于当心间的檐椽则是平行排列的，这可称作部分扇列椽做法。相对于部分扇列椽做法，又有所谓全扇列椽做法，即檐椽的扇列始自当心间的中心位置，此应是扇列椽做法的早期或特殊形式。从椽列形态与鸟翼羽毛排列形式的比较来看，显然早期的由平柱起或全扇列椽做法与鸟翼羽毛排列最似。全扇列椽做法中土虽少见，然于日本建筑上尚可见到，尤以日本中世禅宗样建筑多用，实例如日本圆觉寺舍利殿、正福寺地藏堂及永保寺开山堂、常福院药师堂等（图17）。推测此做法在中国南方也曾经存在，且多是用于小型殿堂上。

早期扇列布椽做法，主要是一种对形式的追求，而非结构上的需要。而后世檐椽扇列起始位置外移至角柱，应是构造及施工简化的需要。

（二）角椽排列与翼角起翘

由汉以来，建筑翼角演化最显著的标志有二，一是角椽排列形式的变化，二是角翘的形成与发展。从发展趋势来看，扇列椽逐渐取代平行椽这一演化进程，在时期上大致吻合于木作翼角由平直到起翘的发展。故由

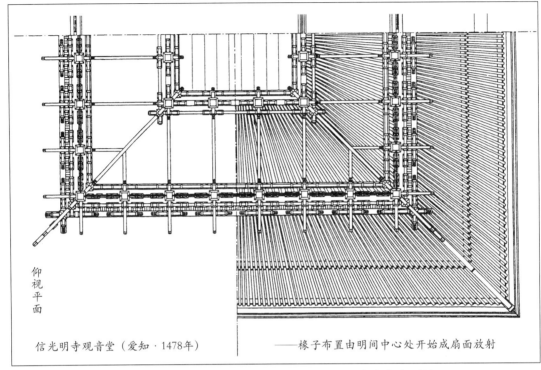

仰视平面

信光明寺观音堂（爱知·1478年）　　　——椽子布置由明间中心处开始成扇面放射

图17　日本中世禅宗样建筑的全扇列椽做法（日本文化财图纸）

此令人推想二者间的关联性似。然进一步的分析表明，二者之间似未必就一定存在着内在的因果关系，角椽扇列做法早在大木翼角起翘形成得很早之前即已出现。我们从实例中也可以看到许多不合的现象，即平行椽者，翼角未必平直；扇列椽者，翼角未必起翘。也就是说，许多起翘翼角仍是平行角椽形式，而一些平直翼角却为扇列椽形式。如江南普遍的水戗做法，至今仍保持着平直翼角与扇列角椽的完美结合。从构造上看，角椽形式并不构成角翘的障碍。角翘的关键在于角梁做法，角梁形式的变化影响和决定角翘，而角椽做法终是次要的和非决定性的因素。扇列椽和角翘之间虽无直接和必然的关系，然角翘的发展促使了平行椽的蜕化和消失，倒是有相当的可能性。

扇列椽及角翘做法，在发展进程中不断发展和完善着其结构和构造的作用，然二者似很早就具有了装饰和等级意义，最终二者融为一体，取得完美的结合，成为晚唐五代以后中国古典建筑最具典型意义和引人注目的形象特征。

以上所述，试图将纷繁的翼角演化现象进行归纳和总结，然现实的存在与表现却是复杂和多样的，本文的讨论若能成立的话，其所反映的也只是翼角发展的主流趋势和特色。

【浙江宁波唐宋子城建筑研究和计算机重建三维建筑】

林士民·宁波市考古研究所

爱丽丝·洁·林（Alice J. Lin）·美国马歇尔大学

摘 要：唐宋明州（宁波）子城建筑遗址规模之大，保存情况之好，在全国是不多见的。子城的构筑、平面布局以及子城内外交通、水系的建设都是经过精心设计，安排有序。本文重点是叙述子城垣变迁的历史，子城城内的衙署机构的布局与建筑，通过考古发掘所揭露的唐宋时期的遗迹、遗存，结合文献资料，为复原唐宋时期明州子城的历史面貌奠定了基础。目前我们通过三维计算机技术，复原了唐宋子城建筑，再现了当年的风采。

关键词：历史变迁　城池构筑　考古发掘　子城复原　三维复原

唐明州（宁波）从公元738年建置，治地"北临鄞江，地势卑隘（劣）"，其腹地有限，拓展有阻，东山西水，交通不便[一]。终于在唐长庆元年（821年）移州治三江口，与鄞县治同城。当时的鄞县治以构木栅为城，州治移来后始在三江口（今地），建明州城，为当时官府办事机构驻地，明州后因建造外城称罗城，原明州城称子城。子城从唐代开始历代延用，作为子城的城垣在元代开始就被拆除，作为官府的衙门直到新中国成立前尚存。关于宁波子城的建筑历史记载文字寥寥，子城的面貌通过考古发掘，才露出了历史的真相，这为我们复原古代子城，展示古代明州子城建筑，提供了第一手的实物资料。

[一] [明]张瓒等修，鄞县杨寔纂《成化四明郡志》。此书见《千顷堂书目》,《乾隆鄞县志》有载。

一 子城垣变迁的历史

普通民众对子城可能不太了解，从事历史、考古的专业人士可能了解得多一些。特别是随着宁波港口城市的建设，古代的建筑、遗迹、遗存本身可以保护的也都科学的作了保护。人们有幸今天还能见到唐子城的南门，即鼓楼。宁波的鼓楼，就是明州城的南城门。鼓楼平时用于报时，古代战时用以观察瞭望，有保护城池、抵御外侵的作用。元代诗人陈孚的

"谯楼鼓角晓连营"就概括地说明鼓楼在我国历史上所起的特殊作用。

唐时子城城墙的地上遗存已不存。经过考古发掘，证明部分城墙基址深埋于地下，保存非常好（图1）[一]。唐子城作为衙署办公地方，使用一直到新中国成立前，它的范围、作用在民间尚有传说。

根据《宝庆四明志》等文献的记载，唐子城城墙的"四周围四百二十丈，环以水"[二]。唐长庆元年（821年）刺使韩察易县治为州治，撤归城，筑新城，设有东南西北城门。这里所说刺使韩察建州治于三江口今地，所谓撤旧城就是撤销老鄮县县治的旧城，实际上撤构木为栅的旧城，重新建造明州新城。这个新城即衙署四周城垣，称内城或子城（后因建外城称罗城）。这个城的范围即以现公园路为中轴线，南城门鼓楼为前大门，在现府侧街东西，两头设有东城门和西城门。中山公园的公园路处为北门。这样勾画出了当时子城衙署的范围（城垣）。从唐代开始历五代两宋到元时，统治者将庆元府城墙拆了，也就是说唐代建起来的明州城，到了忽必烈时代把它夷为平地[三]。从此城内城外也不分了，只留了鼓楼沿（南城门）、府侧街（东）、呼童街（西）和中山公园的公园路（北）的通道范围。目前只有上年纪的老人知道这段历史了。

44

图1　唐宋子城西发掘现场

图2　宋子城砖砌路面

二　子城与城内的建筑

宁波子城在文献中记载，只有记述它的周长与环水，至于子城内有哪些机构，衙署面貌究竟如何？幸存的《宝庆四明志》文献中记载虽然寥寥，但这为我们研究提供了第一手的资料。子城是唐到清代历代为宁波（明州）政治、军事和文化的中心，因此在古代，城池失守就表示着战争的失败。只要城在，政权就在，所以历代统治者对于"城"的建设与守护是十分重视的。

宁波子城在唐代为明州府治地，明州府治地原在鄞县的鄞江桥小溪镇，因为该地段是四明山区向鄞江平原过渡的前沿，鄞江交通不便，地理环境差。而当时宁波奉化江、姚江和甬江交汇处的三江口已成为交通枢纽[四]，明州通向京都主要的有京杭大运河连接浙东运河，可直抵朝廷的政治中心。出镇海（当时称定海县）口与大洋航运四通八达。唐长庆元年（821年），经朝廷批准迁州治到三江口建明州城（即后来的子城）。三江口建城后（后又建外城称罗城，把内城称子城），城内主要作为官府，即"州"一级政权机构的办事处，包括公共设施的学校、仓库、教场等等。此外为了衙署的运作办事与安全，在衙署四周构筑了城墙，开设东南西北四个城门，便于通道。在衙署内布置构筑机关部门。例如庆元府、通判厅、军资库、平易堂、逸老堂、甲仗库、苗米仓、常平仓、公使库……在衙署内设置便道，构筑的大道很讲究，多用砖头作为路面（图2），衙署

[一] 林士民：《唐宋子城考古发掘记录》，1997年1月，文物考古研究所资料室。

[二] [宋] 吴潜修《宝庆四明志》，复旦大学有明抄本，天一阁等有影印本。内容详见"城池"条。

[三] 根据《至正四明续志》编撰时间推断"庆元毁城的时间应在元军占领庆元的至元十三年（1276年）后的几年。"即至元年间早期被毁。

[四] 林士民：《海上丝绸之路的著名海港——明州》，海洋出版社，1990年。

图3 唐子城内排水沟

内排水系统四通八达（图3），设计十分完美，从考古发掘遗迹也证明了这一点。子城作为衙署，唐代的建筑布局已被后来繁荣的宋庆元府的改造而变迁，因此唐代的遗址遗存一般深埋于宋代的基础之下。而宋代由于港口城市繁荣兴盛，对子城进行修复，从遗址还可以看到原来城内衙署布局面貌，这也是十分难得的。这些遗迹与文献记载一致，

为我们复原子城建筑及当时社会状况提供了新的资料。

三　唐宋子城考古发掘

宁波古代的唐宋子城建筑，虽有文献记载，但具体对象则没有详细记叙，例如城内的建筑特点、道路地面的构筑、排水系统的设施、公共用地的划分等。我们为了搞清子城内的情况，我们对子城发掘制定了详细发掘计划与方案，1996年下半年公园路地块进行改造建设，这是城区"十大考古区域"之一。子城与城内衙门遗址列入公园路改造计划。

1997年1月，公园路唐代子城（明州城）遗址考古发掘正式开始，这为我们寻找唐代明州古城遗址的范围，了解唐城的营造工艺、规模以及唐城内的公共设施等建筑提供了条件[一]。

公园路步行街改造有几万平方米的面积，在这几万平方米中寻找古城建筑遗址，确实不是很容易的事。根据以往遗址考古发掘的经验，采用"由面到点，抓住重点，顺藤摸瓜，搞清为止"的16字方针。首先从尚书街与呼童街口开始到军分区围墙，在长达140米地段，布了14个发掘探方（探方是考古发掘需要而划定的范围）；在府桥街北、公园路西50米内也布5个发掘探方，进行了专业考古发掘。经过一个月的探索，在呼童街口的发掘探方中，出现了成批的黄褐色黏土夯土面，这些情况与宁波和义路、东门口唐城发现的成批黄褐色的黏土夯土面完全相同，

图4　子城出土的波斯陶[二]

[一] 宁波文物考古研究所：《浙江宁波市唐宋子城遗址发掘报告》，《考古》2003年第3期；英文版《中国考古学》2003年第3期。

[二] 林士民：《唐宋子城考古亲历记》，宁波市海曙区文史委编《宁波市海曙区文史资料（第一辑）：云霞出海曙———宁波市海曙区文物古迹的发掘、整修和利用》，2000年。

这使发掘看到了希望。接着在呼童街口东面揭露出了一批铺砖地坪，地坪里还出土了唐代的波斯陶（图4）。经过3天的清理，在20米长的探方中终于找到了唐代的一大批地坪，西边开始显露城墙堆积的黄褐色夯土堆积层，向东一直延伸到其他探方。从这些夯土的唐城堆土看，是从异地搬运来的，并与宁波东门口的唐城夯土完全一致。

清理出唐宋子城建筑夯土城墙，城墙两边都还包有墙砖，这些包砖排列有序（图5）。清理出这一段西城墙是一个突破口，接着在西城墙外一定距离又清出了护城河，护城河有5米宽，历史上一直沿用。河岸整齐、砌迭有序。为了搞清西城墙的走向、构筑工艺和变迁历史，就以这段城墙为基点，向南北两个方向，每隔一定距离，又挖了5个探方。这5个探方一个安排在府

图5　宋子城砖砌城墙

桥街北马路边,一个在中山公园幼儿园门外的马路南边,分别进行勘探。挖掘结果显露出同样的唐代城墙,它们也有包砖。清理长度已达到245.5米,与护城河平行。发掘表明,唐代明州西边城墙呈南北走向,城墙宽为4.8～6.0米,残高0.6～1.30米,断面呈梯形,夯土残高1.3米,包砖残高0.4米。宋子城第一期城宽5.64～6.90米。夯土残高0.8～1.36米,两侧包砖,残高0.18～0.44米,厚0.52～0.56米。宋子城第二期城宽5.20～6.40米,采用包石结构,残高0.66米[一]。唐城以堆土夯筑,城墙外两侧包砖整齐。宋城基本上沿用了唐城夯土部分,加以修理和扩拓。北宋子城墙包砖修筑,与唐城没有多大

变化。到了南宋为扩拓基础加宽,而且从规格看,基础(城墙下半部)部分比北宋时讲究,由原来砖砌迭改为条石砌迭,城上部仍包砖。从砌筑工艺看,南宋条石砌迭中使用了大量的石灰黏合。

古城墙下部条石砌迭,有的地方厚度1米以上,排列整齐。西城墙大面积揭露,不仅详细地反映了古城长度、规模、规格、构筑的具体工艺,而且对唐明州城的位置、走向的了解也更为确切,从而否定了以往一直来将泥鳅弄当做唐城基础的误传。

东城墙的寻找也是一个重点,在高出地坪的府侧弄,从北到南进行开挖与勘探,没有发现古城遗迹和夯土堆积,从而也否定了

图6　子城南城门鼓楼

图7　子城官署遗址

府侧弄是唐城基础的说法。

东城墙究竟在什么地方呢？考古调查和勘探资料表明，鼓楼前护城河，向东到渡母桥转向北边的蔡家弄（巷），向北流至中山公园前公园路地段。而府山系民国前堆的小山堡，其下就是古城的东、北护城河，河岸转至公园路，向西与呼童街西护城河连接，这说明北城墙是在现公园路以南。至此，城河与宋《宝庆四明志》地图的城北门外是城河的记述相吻合。那么东城墙无疑在东护城河以内，即现军分区内，这为东城墙的确切位置提供了依据。

南护城河在中山路改造时，考古人员专门对护城河流向、宽度作了勘察与照相，把发掘的城墙与勘探城基位置，与宋书上记载"城周四百二十丈"作一计算，和"环以水"完全相吻合，这是考古发掘与文献互相引证、补充历史、纠正误传的一次成功的实践，更证明了唐宋子城的确切位置，从而也否定了误传唐宋子城范围，北达中山公园后乐园一带的说法。

寻找明州城（子城）的中轴线，首先把现存的鼓楼这个南大门建筑作为中轴线的起点（图6），抓住这个重点，对公园路两侧进行了试探性的发掘，但没有找到唐代城内的中轴线上的建筑，估计在宋代营建时全部被毁。幸存的是宋代的一座建筑，硕大的石制柱顶石（图7），规格为长宽94厘米，厚22厘米，柱网排列为南偏西10度。这座官署建筑除柱础石外，在室内还留有方砖铺设的地坪、屋面上的板瓦，半圆形筒瓦以及印花卉

[一] 宁波市文物考古研究所：《浙江宁波市唐宋子城遗址》，《考古》2002年第3期。

（菊花）的瓦当。在官署东边，清理出南北向的用小方砖铺设的宋代大道，大道宽4.6米，其中路面宽3.7米，两边是凹槽形的明沟，砌筑规整，高低一致。大道路面砌筑前的地坪用泥浆、瓦砾夯实平整，然后有规律地铺上长方形小砖（俗称年糕砖）[一]。

这座官署与大道的位置，正在南城门鼓楼相对的一个轴线上，因此证明大道处于建筑与建筑之间的轴线上。距大道东8米处，同样发现了一段道路，构筑规格与大道一致，大道路面断裂和锐角的磨损度，远远超过东边道路，证明行人车马活动频繁。

大道旁边还清理了宋代圆形花坛，花坛口有1.2米直径，坛深0.4米，在坛中还遗留了树根呢！这些迹象表明，唐宋子城中轴线以鼓楼的南城门为轴心，来布置安排建筑，与《宝庆四明志》文献所载基本相符。这次唐明州城墙中的窨井、沟可属首次发现（图8）。祖先们在构筑唐城时修建窨井，使城墙上的雨

水聚集排至窨井内，由窨沟连接排放于护城河，而城墙中设置窨井始于唐[二]，在明、清城墙中屡见不鲜。

四 子城遗址建筑复原

子城遗址的复原依照目前我们所掌握的资料：第一，根据文献记载资料，"唐长庆元年（821年）……筑新城，设东南西北四门"。第二，结合前人研究成果认为唐宋子城墙的"周长为420丈"。第三，依据1997年的考古发掘资料，确认现鼓楼为子城的南城门。第四，经过考古和勘察确认在子城四周有护城河，护城河内为唐宋子城城墙无疑。

子城垣及内部的建筑，我们根据文献、考古情况，对它进行复原研究。并运用三维新科技的手段，参照遗存精华、实测数据立体的展示子城的历史建筑与风貌。

子城垣及城内建筑复原，主要抓住如下几点。

第一，古城河遗迹。抓住子城外的古城河这个遗迹，勘探到了古子城河残迹。例如南门段、西边呼童街段、府侧街（军分区）东墙段以及北边的公园段，把它们连起来，为复原水系提供了资料。

第二，遗迹的实测。主要根据掌握的资料，例如东西城门的遗迹，南城门鼓楼城墙与拱门建筑，以及遗址东南西北进行实际测量，证明子城呈似正方形，除南门外，东西门尚留有地名，确认周长也与文献相接近。

第三，关键建筑。子城内的许多建筑，我们选择重点关键建筑，对中轴线上的主体

图8 唐城中窨井

50

建筑，庆元府进行了勘察与考古试掘，在试掘中，揭露了庆元府建筑形制、地坪，地坪系用方砖（金砖）铺设有序，金砖烧制规整，规格统一，厚薄一致。左右轴线上的建筑有选择地进行勘察。勘察结果说明这些建筑比较规范，墙基构筑牢固，砖石排列整齐，有的用材硕大，石板条石都经过加工，有的柱础、转角石精加工，说明这些建筑有一定的要求与规格[三]。

经过多年来我们对子城内的建筑，在配合各个时期的工程建设中，获得了不少的发掘资料。根据历年来的发掘资料，结合文献，对子城城墙和城内建筑进行了复原研究[四]。在中轴线南城门为中心，由南城门鼓楼、庆元府主体建筑，其后为仪门，进仪门为一水池，池对面设厅、逸老堂、平易堂等建筑；东侧轴线上，从南到北置有节推厅、宣诏亭（元代为永丰库地，图9）、厅事、常平仓、通判厅、甲仗库、军资库、后为独院的水池、射亭、鄮山堂等建筑；西侧轴线上，从南到北置有苔判厅、苗米仓、甲仗库、公使库及当值司等机构建筑。在中轴线两旁（后部）西边尚设有本府签厅，东边设学府、堂衙厅，东西分别设子城东门和西门，城北设府后门。上述便是子城城内建筑与机构（图10、11）。

［一］林士民：《三江变迁——宁波城市发展史话》，宁波出版社，2002年。

［二］林士民：《再现昔日的文明——东方大港宁波考古研究》，上海三联书店，2005年。

［三］宁波市文物考古研究所：《公园路子城遗址发掘资料》，资料室。

［四］林士民：《三江变迁——宁波城市发展史话》，宁波出版社，2002年，《子城内的建筑布局》一节中的图有误，这次纠正了以往多版本中有误的地方。

51

图9　永丰库遗址地坪

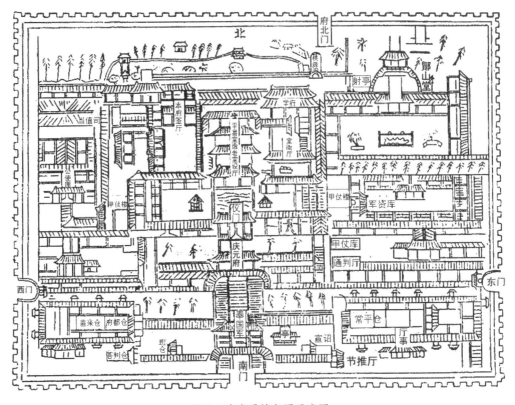

图10 南宋子城复原示意图

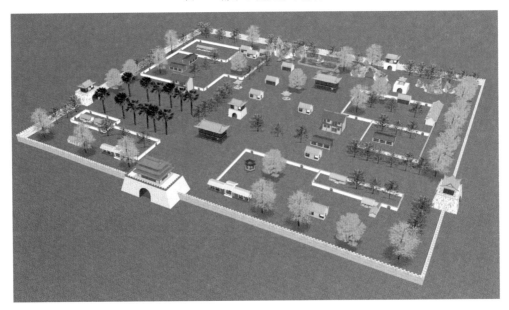

图11 南宋子城三维建筑展示图

52

【汉传佛教寺院空间形态源流考】

刘诗芸　刘松茯·哈尔滨工业大学

摘　要：西汉末年，佛教从印度传入中国。从此，佛教建筑与汉地文化不断交融，经过漫长的发展演变，最终形成了完善的汉地佛教寺院体系。本文通过追溯佛教建筑的本源，剖析中国古代建筑文化，对汉传佛教寺院空间的形成和演变加以研究，探讨了其定型的影响因素。

关键词：印度佛教　汉传佛教　寺院　空间形态

一　印度佛教

1.印度佛教的传播

佛教产生于古代印度，其地理范围包括今天的印度、巴基斯坦、孟加拉和尼泊尔等几个国家。公元前6～前5世纪，古印度国迦毗罗卫国净饭王的王子乔达摩·悉达多，在目睹了人间疾苦之后萌发了厌世思想，为了拯救芸芸众生，创建了佛教，后被尊称为释迦牟尼。释迦牟尼所推崇的信仰精义，可以归纳为"苦、集、灭、道"四圣谛，即生命充满了忧愁与痛苦；这些痛苦来源于欲望；烦恼只有经过"涅槃"寂静的境界才可解脱；必须经过"八正道"的修行才能免除轮回之苦，达到"涅槃"之彼岸。

释迦牟尼圆寂后，他的思想经其教徒的理解和阐发，在整个印度大地上传布。到了公元3世纪，在孔雀王朝第三代国王阿育王的大力扶持和宣扬下，开始向印度以外的地区传布。例如南方的缅甸、斯里兰卡，北方的中亚和西亚。就在印度佛教不断向外传播之时，中国的汉武帝为了联络西域国家共同抵御匈奴，两度派遣张骞出使西域，开通了中国与中、西亚各国交往的道路。沿着这条道路，西汉与西域各国的官员、使臣和商人络绎往来，频繁的交往中，僧侣们也携带着佛教的经典陆续来到中国内地。我们把经中亚传入西域，经河西走廊至长安、洛阳的这条传播途径在中国形成的佛教派别定义为汉传佛教。

值得注意的是，汉传佛教刚刚传入时，并未引起社会的广泛重视，特

53

别是没有得到上层官府的注意，佛教的基本传播方式是翻译佛经，另外还有佛教绘画与佛教音乐。这注定了汉传佛教在传播过程中拥有一个相对自由的政治环境，没有君权思想强加其上。因此，汉传佛教的传播方式是自下而上的，是一种面向民间的软文化传播方式。即使发展到后来，有君权参与，但这种参与只对佛教传播起到或阻碍或推动的作用，并没有对佛教文化起到决定作用，真正对汉传佛教文化发展起决定作用的始终是汉民族的大众文化。

2.印度佛教寺院

早期印度佛教并没有固定传教的地方，根据渡边照宏的《佛教》中描述，古代印度修行者的理想中，并无有关居住的任何规定。修行者可在树下或窑洞内住宿。佛教徒按照佛陀制定的"外乞食以养身色，内乞法以养慧命"的制度，白天到村镇说法，晚上回到山林，坐在树下专修禅定。早期的出家人确实致力于这种托钵的简朴生活。

到了后来，印度包括佛教在内的各种宗教派别的修行者，都是住在石室或支提内（图1），或者就是住在民间由木造或石造的简陋住宅。随着佛教的广泛传播，有的国王或地方富豪分赠与佛教修行团体一些较为舒适的精舍用以修行传道，其中最著名的就是"祇园精舍"。

"祇园精舍"是释迦牟尼当年传法的重要场所，又称"祇树给孤独园"，是佛教寺院的早期建筑形式，使用的是当时印度当地传统的建造技术和布局，在功能上以居住为主同时具有传播佛法的要求（图2、3）。

图2　祇园精舍遗址

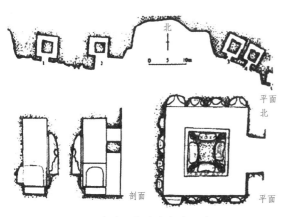

图1　印度早期的支提与石室

图3　祇园精舍遗址内的喜智菩提树

54

通过这种方式，印度各地边逐渐有了佛教团体的宗教机构和固定的传道场所。这便是印度佛教寺院最早的起源。

二 汉传佛教

1.汉传佛教寺院的起源

汉传佛教传入之初，并没有展开讲经说法的佛事活动，因此无需大规模建造佛寺，更没有引进和修建印度传统的寺庙。在当时，中国文字中"寺"的含义是指古代的官署，如主掌朝祭礼仪的官府称鸿胪寺，掌宗庙礼仪的、选试博士的机关称太常寺。外域僧人来到京师，一般由官府安排下榻于鸿胪寺，后世便转借称僧侣供佛读经的处所为"寺"。东汉永平七年（公元64年）明帝夜梦金人，遣使求法。永平十年，印度僧人摄摩腾和竺法带着经书和佛像来到洛阳，以"榆槿盛经，白马负图"，下榻于当时接待宾客的官署鸿胪寺内。永平十一年，因佛经由白马驮负而来，遂以白马名寺，在佛教经典《佛说四十二章经》曾被提及。

据传，当年白马寺仿照印度祇园精舍建有九层舍利木浮屠，殿内绘有壁画。然而，由于时代久远，白马寺经历了数次损毁与重建，平面形制已不知，目前仅残留塔院，其中有金密檐式砖塔（图4）。这表明，尽管当时受汉地工匠技艺的限制，最初的寺院仍受到印度样式的影响，主要表现就

图4　白马寺塔院

是塔的建造。正如《魏书》中所记载的"自洛中构白马寺，盛饰佛图，画亦甚妙，为四方式。凡宫塔制度，犹依天竺旧状而重构之，从一级至三、五、七、九。世人相承，谓之'浮图'，或云'佛图'"，这便是最早的佛塔形式。

　　我国关于建造佛教寺院的最早记载出现

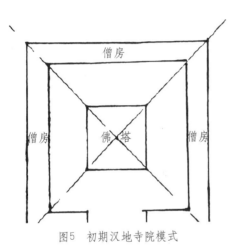

图5　初期汉地寺院模式

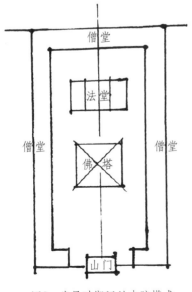

图6　发展时期汉地寺院模式

于《后汉书·陶谦传》，该文中记录了陶谦同郡人竺融在徐州起浮屠寺："上累金盘，下为重楼，又堂阁周回，可容三千许人，作黄金涂像，衣以锦彩。"总之，这一时期佛寺刚传入中国，还为形成定制，主要由"重楼"和"堂阁"两部分组成，"重楼"在中间，形成寺院的崇拜中心，"堂阁"在四周环绕布局，形成寺院的功能用房（图5）。

　　2.汉传佛教寺院空间的演变

　　东晋至南北朝时期是佛教在中原汉地的发展时期，佛教逐渐得到统治阶级的支持到民间百姓的认可。此时，"舍宅为寺"盛行，促使了寺院进一步向中国化发展。一些达官显贵把自己的宅邸献给寺院，在功能上，利用了原有房屋，不但解决了早期以佛塔为主体的佛寺在实用的不足，又符合人们日常的习惯和观念，且建造的物资与时间消耗大大减少。除了这种做法，帝室皇族也热心于兴建寺庙。后赵姚兴"起造浮图于永贵里，立桀若台，居中作须弥山，四面有崇岩峻壁，珍禽异兽，林草精奇，仙人佛像俱有"。北魏著作《洛阳伽蓝记》撰述了北魏京城洛阳四十多所寺庙的兴衰。在这一时期，寺院的平面布局与汉初时期较为相似，仍采用传统汉地建筑形式，结合佛教的崇拜主体——佛塔，依旧是由"重楼"和"堂阁"两部分组成，在平面上以佛塔为寺院中心，周围环以附属建筑（图6）。

　　隋唐时期是佛教在中原汉地的繁荣时期。虽然在北朝末期，佛寺在周武帝的灭法运动中遭到严重破坏，但隋文帝统一中国后，开始了全国性的佛教复兴。此时，出现

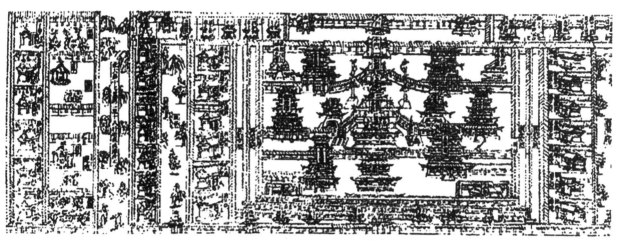

图7　《关中创立戒坛图经》中的寺院布局图

了几本关于佛寺的重要著作。在唐代律宗大师道宣所著的《关中创立戒坛图经》和《中天竺舍卫国祗洹寺图经》中，对寺院的布局进行了详细描述（图7）。经过学者复原，表明当时佛寺的平面布局基本上有了统一标准，并且有了明确的功能分区：通过东西向道路将寺院分为南北两区，南区负责对外接待，北区为寺院内部使用，南北向形成以中轴对称，以中院为核心，以网格状道路为平面骨架，在轴线上布置主要佛殿、佛塔、戒坛等建筑，并在轴线周围布局大量别院。这一时期，佛寺布局最重要的变化就是寺院的布局开始从单一的院落向建筑群体演化，打破了之前以佛塔为单核心的布局方式。寺院中的佛塔从核心位置转变为了次要位置，最重要的

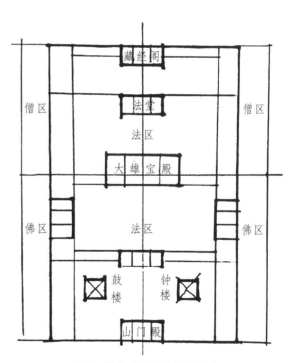

图8　繁荣时期汉地寺院模式

原因就是佛教造像的出现，使人们不再满足于抽象的佛塔崇拜，转而崇拜更加直观的佛像。隋唐大兴重阁，一方面模仿宫殿的豪华壮丽，一方面也容纳了更大的佛像（图8）。此时，佛寺规模宏大，功能丰富，建筑物高大，都体现了社会的繁荣，国力的强盛。

到了宋朝，官方对佛教采取"存其教"的态度，稍有推崇，多加限制。寺院更加世俗化，商贸活动增加。宋朝始定江南禅寺的等级，设禅院五山十刹，五山位在所有禅院之上，是官寺制度中最高的寺院，十刹之寺次于五山，这标志着等级制度进一步影响了佛教寺院。在佛教寺院的规划布局上，人们开始把佛殿作为供祀的主要对象，把主要殿堂布置在一条轴线上，大型寺院则在主轴两侧发展平行的多条轴线，布置附属殿堂与僧房。

元明清时期，汉传佛教开始衰落。佛教诸宗之间的差别日益模糊，而以地域差别为基础的佛教四大名山兴起，反映了世俗力量对佛教的影响变得重大。到了清代，还常出现儒道释三教共寺或佛道共山的情况。这一时期，佛寺的具体布局基本上是宋代的延续和发展，更加规整有序，模式成熟稳定，建筑也更加完善。中轴线建筑更加宏大，制度完善，礼仪化更加明显。

三 影响汉传佛教寺院发展的因素

1. 禅宗的思想观念

在中国，众多佛教宗派相继建立起独立的理论体系。隋唐时期创立的佛教宗派有三论宗、净土宗、天台宗、法相宗、律宗、禅宗、华严宗和密宗八大宗派。其中，禅宗是中国化最彻底的宗派，是其创立了汉地的佛教寺院形式，且为其他宗派所效仿。禅宗分为南慧能与北神秀两派，后来南宗以宣扬顿悟法门逐渐演为禅宗的正统。禅宗主张不立文字，单传心印，提倡心性本净，佛性本有，见性自悟，顿

悟成佛。禅宗的这些理论与中国儒家的人皆可为尧舜和道家的天人合一的思想融为一体，是中国传统思想对外来佛教文化成功改造的产物，在各宗派中最具生命力，以至于几乎成了中国佛教的代名词。

由于禅宗的特点在于顿悟成道，所以十分重视长老的当面开示慧解。唐代百丈怀海创著的《禅门规式》中规定，早晚及其他寺院尊宿来访以及重要的日子均须在法堂集中说法。这种开示常常是以老师与弟子的互问互答而非简单的说教来完成的。其中还规定"不立佛殿，唯树法堂表佛祖亲嘱受"。这一方面表示出禅宗在新禅观下对于神性的大胆破除，另一方面则强调了法堂的中心位置。此后，寺院中的佛塔从核心位置转变为了次要位置，法堂出现在中轴线上，这些都是由禅宗思想的演变导致的寺院空间形态的变化。

2. 中国的传统礼制

中国礼制制度的重要组成部分就是儒家学说，其主要的含义为"异"，即贵贱、尊卑、长幼各有其行为规范，注重人伦、纲常。儒家思想已扎根于中国社会，影响到了人们生活的方方面面。无论是在意识中还是行为上，无论是对平民还是统治阶级都具有普遍意义。在建筑空间的营造上，也时刻体现出来：等级较高的建筑体量和位置都处于院落的中心位置，在功能上、视觉上都依照礼仪建造。

《中国建筑文化》一文中提到："中国的佛教寺院，最早是由官舍改造而成的。因而，中国佛教寺院从一开始就打上了世俗文化的烙印。"我国的佛教寺院在建筑布局

上完全承袭了中国汉民族传统的营造方式，参考了汉初时期的宫廷建筑模式。因此同样的礼制规范形成严格的等级秩序，将尊卑意识与名分等级渗透到佛教建筑所有层面。形成了沿中轴线设置重重院落与建筑，以殿为中心的佛寺是一组或多组布局严谨的建筑群，大殿居中而立，左右对称布置配殿的布局模式，并最终由简单而复杂，不断发展完善，将等级制度更加鲜明地体现在寺院建筑的空间组织上。虽然佛教寺院在营建型制上体现了严格的等级制度，这与佛教思想本身提倡的"众生平等"的教义相矛盾，但这也正是佛教中国化过程中形成的特色。

除了佛教寺院内部的空间形态体现出传统的等级制度以外，历史上的五山十刹之制，是南宋寺院建置的一种形式，在性质上是南宋成熟完备的官寺制度的典型表现，具体表现为寺格等级制度，指的是禅宗的五大刹和十次大刹。由此可见，等级制度对佛教寺院影响之深远。

四　结　论

佛教自西汉末年传入中国的两千年来，在中国本土文化的影响下逐步形成了具有中国特色的佛教寺庙文化，也形成了与其对应的寺院空间形态。汉传佛教寺院由传入初期的"舍宅为寺"，佛塔崇拜到后来的佛殿、佛像崇拜，中轴线明确，等级严格，这其中经历了佛教本身宗派教义的发展演变，深入民心的中国传统礼制思想的无形渗透，以及各时代政府官方或阻碍或推动佛教发展政策的变化。汉传佛教寺院分布广泛，是中华民族的宝贵财富。研究汉传佛教寺院空间形态的起源与发展，有助于我们了解中国传统的建筑文化，以及中国封建社会人民大众的精神生活状态。

参考文献：
[一] 梁思成：《中国的佛教建筑》，《清华大学学报》第 8 卷，1961 年。
[二] 戴俭：《禅与禅宗寺院建筑布局研究》，《华中建筑》，1996 年第 3 期，第 94
　　～ 96 页。
[三] 张勃：《汉传佛教建筑礼拜空间源流概述》，《北方工业大学学报》，2003 年
　　第 4 期，60 ～ 64 页。
[四] 谢岩磊：《山地汉传佛教寺院规划布局与空间组织研究》，硕士学位论文，重
　　庆大学 2012 年。

［五］ 石媛媛：《从〈洛阳伽蓝记〉看北魏洛阳的佛寺建筑》，硕士学位论文，山东大学2008年。

［六］ 杜爽：《汉传佛教与印度佛教壁画空间表现的差异性与互融性探析》，硕士学位论文，兰州大学2008年。

［七］ 中国建筑工业出版社编：《佛教建筑：佛陀香火塔寺窟》，中国建筑工业出版社，2010年。

［八］ 张十庆：《〈五山十刹图〉与南宋江南禅寺》，东南大学出版社，2000年。

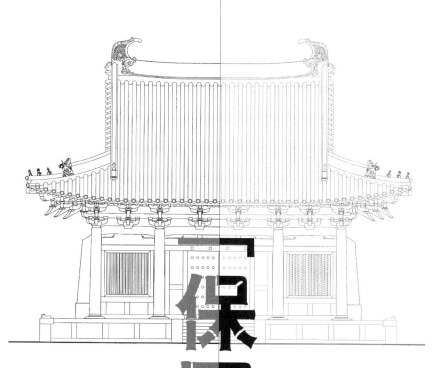

「保国寺研究」

叁

【保国寺建筑文化的保护传承、核心价值提炼及国保单位转型升级专题博物馆的探索与实践】

余如龙·宁波市保国寺古建筑博物馆

摘　要：保国寺大殿是第一批全国文物重点保护单位，其建成比《营造法式》刊行早90年，它的发现改写了建筑史学界认为江南无宋代木构建筑的历史。在做好保国寺研究保护的同时，探索利用古建筑群建立专题博物馆，走出国保单位文物保管所，转型升级为国保单位专题性博物馆的运行模式，逐步发展成集文物保护、古建研究、文化传承、社会教育等多功能于一体的公众文化组织机构，在文化遗产保护利用、群众文化活动组织等方面日益发挥重要的推动促进作用。

关键词：文化遗产　保护利用　比较研究

一　引　言

在"纪念中国建筑研究室成立60周年国际学术研讨会"上，国内外建筑史学专家学者一致认为"发现保国寺大殿就是建筑研究室最大的成就，发现保国寺大殿改变了史学界的看法。发现保国寺大殿改写了长江以南无宋代木构建筑历史。发现保国寺改变了学界过去对江南古建筑的定位。保国寺大殿比《营造法式》刊行早了90年，可想保国寺大殿在中国建筑学中的地位有多重要。"保国寺大殿是中国南方地区硕果仅存的几处早期木构建筑遗存之一，是中国建筑文化遗产中的旷世遗珍，是古越地区高度发达建筑文化的历史佐证，是东方建筑智慧、技艺的结晶。它反映了宋《营造法式》的刊行在中国古代建筑史上久远与深厚的基础。必须珍惜这一历经千年沧桑而留存至今的珍贵遗产，我们要承担起这一历史责任，保护好保国寺大殿及其承载信息的真实性与完整性，将它们尽可能完好地传承给后代。

二　保国寺大殿建筑与《营造法式》之研究

《营造法式》作为北宋王朝颁行的建筑营缮法规制度，集中代表和反映北方官式建筑制度与做法。然《营造法式》在诸多方面又与江南做法最为关联。在江南建筑中，又以保国寺大殿与《营造法式》的关联最为显著。在现存南北宋金遗构中，与《营造法式》制度最近者，首推保国寺大殿。这一现象既反映了宋代南北建筑技术的交流与融合，又体现唐宋以来南北建筑的地域特色。依照保国寺大殿与《营造法式》的相关技术特点，在诸多方面保国寺大殿与《营造法式》之间的关联性，二者许多做法或同出一辙，或关联相似，有些做法甚至成为《法式》孤例。保国寺大殿可称是《营造法式》研究的一个标本，将两者联系起来，其一可深入地重新认识研究保国寺大殿，其二可推进《营造法式》的研究。同时保国寺大殿至《营造法式》间隔的90年变化，也是认识江南五代北宋建筑演化的一个参照。因而，保国寺大殿与《营造法式》的比较研究，无论对于保国寺大殿研究还是《营造法式》研究，都是一个重要的研究视角与线索。

1. 江南技术北传。自中唐五代以来，随着南方经济文化日益繁盛，建筑技艺亦有很高水平，并被北方仿效，影响着北方的建筑面貌。宋初浙东名匠喻皓进京主持重大工程等，都反映了五代至宋江南建筑技术已超越北方水平，在此背景下，江南先进建筑技术北传已不足为奇。

2. 南北建筑技术融合。《营造法式》是宋代官式建筑最重要和全面的技术文献。一个时代的建筑技术，还应包含官式制度与地域因素，在唐宋以来南北建筑技术交流背景

下，《营造法式》技术源流中有江南因素的反映也是必然，这对于研究宋代南北建筑技术交流及《营造法式》都具有重要意义。

3. 《营造法式》与江南厅堂做法。厅堂构架本身带有鲜明的江南属性，江南穿斗技术对厅堂构架形式的发展产生过重要影响，建筑技术经历了唐末五代的稳定发展，厅堂构架在江南已具有成熟稳定的技术体系，《营造法式》厅堂与江南厅堂之间反映构架特征是一致的。作为北宋南方厅堂代表的保国寺大殿，其重要参照意义有二方面：一是与《营造法式》厅堂构架之间技术、样式的密切关联性，能显示完整和典型的"法式型"厅堂构架特征；二是保国寺大殿的构架形态及样式谱系，显示出与江南诸宋元遗构之间脉络传承的一致性。基于以上二方面，保国寺大殿是验证《营造法式》与江南厅堂构架技术之间关联性的重要依据。

以上简例，分析探讨保国寺大殿与《营造法式》的关联性，可见技术源流中的南方因素是北宋官式《营造法式》性质的一个重要特色。南北现存遗构中，保国寺大殿是与《营造法式》制度最为接近者，是印证和研究《营造法式》制度的重要标本。

三　保国寺大殿建筑的核心价值提炼

1. 与清华大学郭黛姮教授团队合作，深度进行保国寺大殿与《营造法式》的研究，出版了《东来第一山——保国寺》，完成了保国寺文物总体保护规划。全面梳理了保国寺历史发展脉络，自东汉世祖至民

国间的五个建置清晰。研究阐述了保国寺大殿天花装修集平棊、平闇、藻井于一身，不仅在宋代建筑中，而且在早期《营造法式》成书以前的建筑中是仅存的一例。大殿的用材制度，是最具有科学性的结构模数制，特别是"材"的断面比例，斗栱用材断面的高宽比为3：2，这样的比例反映了最高的出材率，同时可以达到最理想的受力效果。大殿室内空间布局和使用功能的区分，从建筑设计的角度来衡量，是室内空间设计水平最高的一例，成为后世效仿的楷模。保国寺北宋大殿建筑，代表11世纪初最先进的木结构技术，成为产生中国建筑典籍《营造法式》的基础。营造法式所吸收的保国寺大殿建造技术，有些不但指导着中国木构建筑的发展，而且在世界科学史上也闪烁着光辉。

2. 与东南大学张十庆教授团队合作，完成保国寺大殿勘测分析与基础研究，这是自2003年以来保国寺研究又一重要进展。重新对比研究保国寺大殿与《营造法式》，进一步清晰佐证保国寺大殿木作构件与《营造法式》的关联与契合。《营造法式》作为北宋官方选定的范例，是我国一部建筑工程规范典籍，而保国寺大殿比《营造法式》刊印早了90年，说明保国寺大殿的某些做法被《营造法式》编著者所吸纳。开展保国寺大殿研究课题，包括大殿现状分析与保护研究、大殿木构技术专题研究、大殿复原研究、大殿尺度构成专题研究、大殿工艺技术研究、大殿的意义与价值研究和保国寺大殿与江南建筑比较研究，以及东亚视野下的保国寺大殿研究等。通过对保国寺大殿的基础测绘分析，三维扫描测绘与手工测绘相结合，测绘精度至单个构件，并编制测绘数据和勘察照片图库，以及残损状况分析，三维模型效果演示等。基本达到保国寺大殿测绘数据扩展分析与研究要求。

四 转型升级与保护弘扬并举

1. 与同济大学汤众教授团队合作，使用三维激光扫描技术对大殿进行变形、沉降和环境信息实时监测，《保国寺北宋大殿保护信息采集与展示设计方案》在第四届中国建筑史学国际研讨会上通过专家评审，实现国内首个应用古建筑类科技保护信息采集与展示软件。经过8年运行，已经开始影响和应用于国内其他的古建筑。及时掌握新时期国内外遗产保护的最新动态，科学保护从抢救性到预防性转型，将科技保护理念作为保国寺文化遗产延年益寿的第一保护力，根据科技保护课题实践，保国寺的延续保护利用，逐步完成从"修"到"养"、从"治"到"防"、从"抗灾损"到"控灾损"的理念转换，进而启动了防病于未葛的千年大殿保护系统工程。

2. 管理机构转型升级，宁波市政府确立保国寺文物保管所提升为古建筑博物馆的发展定位。保国寺古建筑博物馆自2005年建馆以来，探索改革与创新，在较短的时间内，取得良好业绩。获得了国家二级博物馆、AAAA级旅游景区等殊荣。走出了一条国保单位文物保管所转型升级为国保单位专题性博物馆的创新发展之路。作为全国重点文物保护单位，保国寺古建筑群近年来以古建筑博物馆的方式，依法保护、合理利用、有效展示，是对这一遗产的最佳保护与利用方式，博物馆开展的预防性勘察、监测和基础研究奠定了有效保护基础，博物馆联合各具有技术优势的高校、科研单位开展未雨绸缪的保护研究，为开拓我国建筑遗产预防性保护作出了重要贡献，积累了宝贵经验，具有示范推广意义。

3. 科学保护与可持续发展，保国寺是具有重要历史、艺术、科学、文化价值的建筑文化遗产，不断深化研究，探索中国建筑文化，特别是早期木构建筑形成的丰富性和相关性研究。运用资源、创建平台，实践科技保护，以基地形式建立"馆校合作"长期机制。与建筑专业高等院校、研究机构（清华大学、东南大学、同济大学和台湾中国科技大学，日本元兴寺文化财研究所等）建立教学研究基地；启动与浙江大学合作的抗风压、载荷传感信息测量，合作共建保国寺大殿科技保护监测体系，实时对大殿进行全面的健康体检，坚持不懈探索大殿营造技术与地理环境之谜，探索出一套系统的科学解答方法，为大殿维修制定相关技术标准提供实践经验和理论依据，共同为千年大殿延年益寿保驾护航。

【试论保国寺"七朱八白"的建筑文化内涵】 [一]

李永法·宁波市保国寺古建筑博物馆

张殿发·宁波大学建筑工程与环境学院

摘 要：保国寺大殿阑额上的"七朱八白"是《营造法式》异常宝贵的实物例证，《营造法式》把"七朱八白"纳入"丹粉刷饰"彩画类别，可能存在等级上的谬误，或者忽视了"七朱八白"的神圣寓意。从"七朱八白"出现的场所和关键部位来看，并以浅刻槽的方式体现，说明其装饰作用已经退居极其次要地位，具有更加重要的建筑文化内涵。"七朱八白"以河图洛书为历史源流，以八卦九星为时空物象，以朱白彩画为表现形式，体现中国古代建筑"天人合一"的设计理念。以八卦配九星形成时空一体化的宇宙模式，成为保国寺"法天象地"设计构思的理论依据，保国寺大殿"七朱八白"具有星宿的象征意义以及古人对"宇宙图案"的知觉。

关键词：保国寺 "七朱八白" 《营造法式》 河图洛书 天人合一

[一] 本论文属国家自然科学基金支持项目，项目编号：41340036。

中国传统建筑文化历史悠久，源远流长，光辉灿烂，独树一帜。保国寺是我国江南保存最完好的北宋木结构建筑，大雄宝殿建筑风格特异，巧夺天工，是保国寺建筑之精华。保国寺大殿建于北宋大中祥符六年（1013年），比北宋《营造法式》刊行还要早90年。"升拱斗昂，祥符千载"，作为东方传统文化的物质载体，建筑不仅铭刻着中国古代高超的建筑技艺，而且承载着中华传统文化的深刻内涵。正因为建筑本身具有的文化特征，才保证了建筑始终扮演着历史赋予它的文化角色。

保国寺大殿的许多做法及规制，成为《营造法式》的实物例证，大殿阑额上的"七朱八白"是唐宋建筑异常宝贵的物证，是宋式彩画在宁波的唯一实例。"七朱八白"是《营造法式》彩画作制度中级别较低的丹粉刷饰屋舍的方法之一。唐宋时期的彩绘艺术高度发达，在高等级的宗教建筑及皇家墓穴最显著的空间上，例如唐僖宗亲敕"保国"之额的保国寺，却经常出现造型和色彩单一的"七朱八白"彩画。如果将"七朱八白"纳入彩画中等级最低的丹粉刷饰，不仅难以体现建筑装饰的美学作用，而且与建筑等级相矛盾。由此可见，"七朱八白"一定具有高于"模仿重楣"功能的精神文化，其象征寓意远远大于装饰价值。由于《营造法式》自宋出版以后经多次传抄，难以准确反映宋代所绘彩画原貌，所以，有必要对《营造法式》彩画规制进行重新审视，在追溯朱白彩绘的演化过程中，挖掘保国寺"七朱八白"更加深刻的建筑文化内涵（图1）。

图1　保国寺大殿阑额上的"七朱八白"

一　"七朱八白"与《营造法式》

《营造法式》是中国第一本详细论述建筑工程做法的官方著作，不仅规范了各种建筑做法，系统规定了各种建筑施工设计、用料、结构、比例等方面的要求，而且详细介绍了建筑上的彩画作制度，对彩画图形、用色、做法及等级等记载非常周密。《营造法式》卷十四将当时彩画归纳为六种形式，即五彩遍装、碾玉装、青绿叠晕棱间装、解绿装、丹粉刷饰和杂间装。

1. 五彩遍装：在梁、栱的面上，用青绿色或朱色的迭晕为外缘作轮廓，里面画彩色花饰，以朱色或青绿色衬底，色彩效果十分华丽。

2. 碾玉装：在梁和斗栱面上用青或绿色迭晕为外缘，内在淡绿或深青底子上作花饰。

3. 青绿叠晕棱间装：用青、绿二色，在外缘和缘内面上，作对晕的处理，即外棱如用青色迭晕，则身内用绿色迭晕，外棱用绿色，则身内用青色迭晕，二者以浅色相接，称之为对晕，面上不作花饰。

4. 解绿装：多用在斗栱、昂面上，在面上通刷土朱，外缘用青绿色迭晕作轮廓，一般面上不作花纹，如添画花饰者，则称为解绿结华装。

5. 丹粉刷饰：以白色为构件边缘，面上通刷土朱，如用在斗拱上，则在昂拱的下面及耍头的正面，刷黄丹色以求色彩的变化。

6. 杂间装：将前面五种参混使用，目的是"相间品配，令华色鲜丽"。

中国古代建筑彩画不仅基于木料防护和审美的双重因素，也成为"明贵贱，辨等级"的手段。《营造法式》将宋代建筑的彩画级别分为三等六类。第一等为五彩遍装和碾玉装，级别最高，多用在宫殿寺庙中；第二等为青绿叠晕棱间装和解绿装，级别中等，一般用在园林住宅上；第三等为丹粉刷饰和杂间装，级别最低，主要用于房屋宅第的次间。

据《营造法式》记载："七朱八白"就

是把阑额的立面之广分为五份（广在一尺以下的）、六份（广在一尺五寸以下的）或七份（广在二尺以上的），各取居中的一份刷白，然后长向均匀地分成八等份。每份之间用朱阑断成七隔，两头近柱处不用朱侧阑断，隔长随白之广。

传统建筑史观点认为："七朱八白"源自唐代建筑的"重楣"，即双重阑额结构（图2）。阑额是柱上用于承接、连接柱头的水平构件，南北朝末以来，阑额（楣）由柱上降到柱顶两侧，并分上下两层，中间连以若干短柱，维持柱列稳定。唐代开始到宋早期，由于铺作层发展得更为完善，逐渐简化为单层阑额，但依然用刷出"七朱八白"彩画，模仿重楣之形。所以，后人一般就把"七朱八白"作为鉴别唐宋代中国木构的一种典型证据。

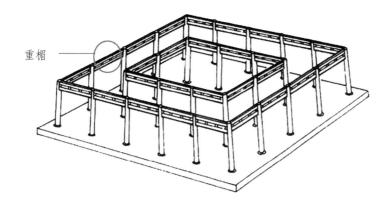

重楣

图2　唐代重楣结构示意图

建筑是文化的载体，文化是建筑的灵魂。建筑不仅仅表现为物质方面的技术和功能，也表现对精神方面的洞悉与把握，既直接为人们的现实服务，又以其特有的精神文化内涵，发挥能动的塑造作用。在唐代很多高规格墓葬的壁画和敦煌的壁画中多都带有"七朱八白"，唐代五台山佛光寺和宋代保国寺大殿中也出现了"七朱八白"，表明"七朱八白"一定具有崇高的象征意义。从绘画位置和表现形式上看，"七朱八白"既不符合《营造法式》丹粉刷饰的彩画类型，也不能用丹粉刷饰的等级来衡量"七朱八白"的地位和价值。

二 朱白彩画的演化历程

朱白彩画在我国的起源，最早可以追溯到新石器时代后期，西周时已有史料记载，西汉的彩画多用朱红与珠玉绘制。唐朝建筑装饰以红白为基本色调，以至于"赤白"便可作为彩画代名词，云冈石窟和初唐墓室壁画的阑额中装饰"朱白彩画"，如唐长乐公主墓壁画（643年，图3）、永泰公主墓壁画（701年，图4）、章怀太子墓（706年）的壁画，及武惠妃敬陵墓室壁画（737年，图5）在阑额甚至柱头枋上均出现朱白彩绘。

图4 永泰公主墓壁画上的重楣与朱白彩画

图5 武惠妃敬陵墓室壁画双层阑额朱白彩画

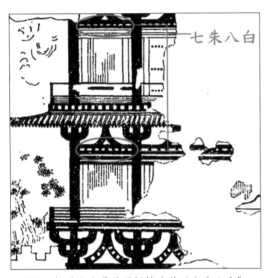
图3 长乐公主墓壁画门楼上的"七朱八白"

图6 潼关税村隋墓壁画重楣之上朱白彩画

唐代朱白彩画的一个重要特点，便是阑额上间断的白色长条，北宋《营造法式》中称之为"七朱八白"。"七朱八白"在江南五代至北宋的建筑物上普遍使用，如杭州灵隐寺石塔、苏州虎丘塔、宁波保国寺大殿、镇江甘露寺铁塔等阑额上都隐出"七朱八白"的图案，可见在《营造法式》问世前，"七朱八白"就已经很流行了。隋唐五代建筑彩画就已经出现"七朱八白"彩画，2005年发掘的潼关税村隋墓壁画（图6），清晰地画出了双重阑额，阑额上的白色长方块为明显的"七朱八白"彩画，由此可见，"七朱八白"彩画在隋代已经形成。敦煌的几座晚唐至北宋初的木构窟檐（图7），保留了阑额上的"七朱八白"。五代后周陕西冯晖墓（图8），沿用传统的唐式彩画，绿斗栏板，朱柱栱，并且有标准"七朱八白"。自燕云十六州割让契丹，与中原交流相对减弱后，辽国反而保存了更多的唐代样式，辽前中期墓葬影作几乎都绘出了唐式朱白彩绘，甚至还保留了"七朱八白"做法，如赤峰宝山辽墓、耶律羽之墓、陈国公主墓（图9）、大同许从赟夫妇墓等，发现普拍枋（或阑额）则为典型的"七朱八白"做法。

以建筑形象宣传佛教教义的中国佛塔，不可避免地融合着中国传统文化特点。"七朱八白"在江南宗教建筑上源远流长，最早出现在五代末吴越时期的江南砖石建筑上，在唐宋时期比较普遍，甚至延续到明清时期。

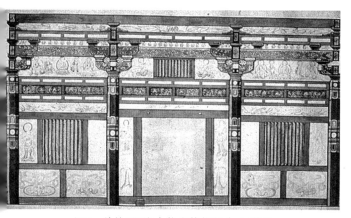

图7　敦煌423窟木构窟檐阑额朱白彩画

图8　陕西冯晖墓"七朱八白"

图9　辽陈国公主墓壁画上朱白彩画

苏州虎丘云岩寺砖塔（建于952～961年，八面七层仿木楼阁式塔，图10）、杭州雷峰塔（建于967年，八面五层仿木楼阁式砖塔）、杭州灵隐寺大雄宝殿前塔（建于960年，八面九层仿木构楼阁式石塔），内

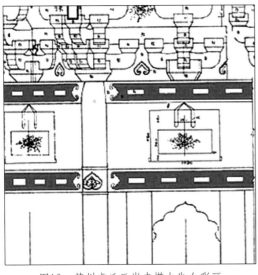

图10　苏州虎丘云岩寺塔内朱白彩画

枋上都有阴刻的"七朱八白"图案。杭州闸口白塔（建于941年，八面九层仿木楼阁式石塔），阑额上有"七朱八白"做法。杭州六和塔一层的外墙甬道凸雕五块长方块平版，两端通到底，符合《营造法式》"七朱八白"规制。苏州瑞光塔（建于1004～1030年，七级八面砖木结构楼阁式），第三层为全塔的核心部位，砌有梁枋式塔心基座，抹角及瓜棱形倚柱、额枋、壁龛、壶门等处还有"七朱八白"等红白两色宋代粉彩壁塑残迹。温州观音寺石塔（建于1068年，平面呈六边形楼阁式石塔），塔身各层面隐刻柱子、阑额、壶门，阑额上施"七朱八白"。

宁波鄞州庙沟后石牌坊和横省石牌坊（建于南宋至元代），两座牌坊的许多做法与宋《营造法式》基本吻合，阑额上刻出"七朱八白"式样的长方形凹槽等。清顺治十一年重修的广州光孝寺大殿，老檐桁侧面也隐刻有"七朱八白"图案。

三　"七朱八白"的建筑文化内涵

建筑作为文化的载体，其背后有着深刻文化印记和人文精神要素。我国古代儒学理论认为："形而上者谓之道，形而下者谓之器"，建筑和其他工艺品皆属于"器"，不列入"六艺"之中，《营造法式》并不是对建筑技法的创新，而是对传统工艺的传承，只规范了建筑该如何做，却没有阐述其内在的文化内涵。建筑与文化息息相关，相互关联，相互影响，不同的文化理念决定了建筑的形式、风格和内容。

1. "七朱八白"的地位与作用

唐代彩画发展至北宋，再经过规范，形成了种类繁多的彩画类型，而"七朱八白"作为最简单的朱白彩绘却依然保留着。笔者认为，从"七朱八白"出现在神圣场所和关键部位，并以浅刻槽的方式体现，说明其装饰作用已经退居极其次要地位，一定具有更加重要的建筑文化内涵。

首先，"七朱八白"为什么多出现在建筑的阑额上？因为阑额是檐柱与檐柱之间起联系和承重作用的矩形横木。南北朝的石窟建筑中可以看到此种结构，多置于柱顶；隋唐以后移到柱间，到宋代始称为"阑额"。

《营造法式》所载阑额的主要功能是构架稳定，但从现存大量的宋至清代的实物看，其作用远不止如此。阑额处于房屋上下的连接部位，是人们需仰视的空间，所以，"七朱八白"可能代表某种神圣寓意，以此给人们以敬畏的启示。

其次，"七朱八白"为什么出现在神圣的殿堂？根据史料记载和考古发掘例证，"七朱八白"要么出现在皇家墓穴的壁画上，要么出现在神圣的庙宇等场所，并没有出现在级别较低屋宇的次间，说明"七朱八白"的地位和级别甚高，而不是《营造法式》记载的"丹粉刷饰为彩画中的最低等级"，由此可见，把"七朱八白"纳入彩画类别中的"丹粉刷饰"，可能存在等级上的谬误，或者忽视了"七朱八白"的神圣寓意。

2."七朱八白"与紫白九星

九星根据源于《易经》，利用"河图洛书"、先后天八卦、爻的法则等，来运算地理风水的各种吉凶，并用九星来概括宇宙万象，通过认识九星运行轨道，以明"河洛"之理。

在天文学中，宇宙中有北斗七星之说，它们的排行是一白贪狼、二黑巨门、三碧禄存、四绿文曲、五黄廉贞、六白武曲、七赤破军，这七个星宿称为北斗七星，而斗柄破军与武曲之间有二颗星，一颗星为右弼而不现，一颗为左辅常见，左辅排在八，右弼排在九，由七星配二星共成九星。

"七朱八白"是将色彩与数字配置的做法，应用于中国传统建筑的营建，体现中国风水对传统建筑营建的影响。堪舆家认为九星中属于紫白星的为吉，余皆凶。并以此制成九星图，根据"流年"的变化，判断吉凶。同时，八卦与九星相配，构建时空演化规律，成为《八宅周书》和《玄空风水》原理的基础。

从唐宋古墓古建阑额的"七朱八白"分布来看，八白非常清楚，而七朱只计算了八白之间的部分，两侧的部分未计算在内，如果算上两侧的朱色，应该为"八白九紫"。

在玄空九星中，四吉五凶，七赤破军星为凶星，八白左辅星和九紫右弼星为吉星，左辅星代表天皇大帝，右弼星代表紫微大帝。所以，宋《营造法式》中的"七朱八白"应该为"八白九紫"。

《青囊经》曰："阴阳相见，福禄永贞，阴阳相乘，祸咎踵门"。在古建阑额上"七朱八白"图式中，"七朱"为平面朱彩，而"八白"为浅阴刻刷白，反映单数为阳，偶数为阴，红色代表太阳，白色代表月亮，

"七朱八白"代表阴阳平衡。

3."天人合一"的建筑史观

中国建筑文化讲究"天人合一"和"天人感应"的审美心理和审美情趣。中国的天人合一、天人感应，与古代天文学紧密结合，着重研究天象与人事、天道与人道、天文与人文之间的感应关系。"天地与我并存，万物与我为一"，"天人合一"的中国文化"潜质"，也是中国传统建筑的"中坚思想"，它在历史的长河中成为中国传统建筑文化精神发展的一种支配力量和文化底蕴，可以说，它无时无处不在。

在建筑环境发展的诸多因素中，"天人合一"的观念是根本性的。"天"被认为是有意志、有人格的，对这种崇拜构架起

以天人关系为基础的宇宙观，中国古代以朴素的系统观念来观察整个宇宙。《周易·文言传》："夫大人者，与天地合其德，与日月合其明，与四时合其序，与鬼神合其吉凶"。总的说来，"天人合一"建筑观是中国古代建筑的中心思想，是古人的伦理观、审美观、价值观和自然观的深刻体现。

"天人合一"哲学思想是我国古代文化的基本精神之一，也是中国传统建筑文化的思想精髓。以八卦的象、数、理体现为《周易》的宇宙图式，以八卦配九星形成的时空一体化的思维模式，成为保国寺"法天象地"设计构思的理论依据，保国寺大殿"七朱八白"具有星宿的象征意义以及古人对"宇宙图案"的洞悉。

参考文献：

[一] 郭黛姮：《东来第一山——保国寺》，文物出版社，2003年。

[二] 项隆元：《宁波保国寺大殿建筑的历史特征与地方特色分析》，《东方博物》，2004年第1期。

[三] 白晨曦：《天人合一：从哲学到建筑》，博士学位论文，中国社会科学院研究生院2003年。

[四] 高介华：《亟需创立建筑文化学：〈中国建筑文化学纲要〉导论》，《华中建筑》，1993年第2期。

[五] 徐振江：《唐代彩画及宋〈营造法式〉彩画制度》，《古建园林技术》，1994年第1期。

[六] 孙大章编著：《中国古代建筑彩画》，中国建筑工业出版社，2006年。

[七] [宋] 李诫：《营造法式》，华中科技大学出版社，2011年。

[八] 傅宏明：《六和塔南宋台座砖雕与〈营造法式〉》，《杭州文博》，2006年第2期。

[九] 尚书静：《中国传统建筑彩画的文化内涵及现代认识研究》，硕士学位论文，中国农业大学2007年。

[十] 梁思成：《中国建筑史》，百花文艺出版社，1998年。

【保国寺观音殿的石质莲花覆盆柱础略考】

沈惠耀·宁波市保国寺古建筑博物馆

摘　要：2012年保国寺古建筑博物馆开展陈列提升工程，在对观音殿维修时，意外发现了一批石质莲花覆盆柱础，其形制与宋《营造法式》中所记载的"宝装莲花柱础"图例如出一辙。这是近年来保国寺古建筑群极为重要的一次发现，为佐证保国寺大殿建成年代提供了又一有力的物证。本文以探索与论证的形式将对该批石质莲花覆盆柱础进行初步的分析与研究，以探究确定其制作年代、为何使用于观音殿的主要柱子之下等原因及史实，以供同行与会专家共同商榷。

关键词：保国寺　观音殿　莲花覆盆柱础　考证

75

第一批全国重点文物保护单位——保国寺，位于浙江宁波北郊灵山，是目前我国现存早期木构建筑中建置布局十分完整的文化遗产。其重建于北宋大中祥符六年（1013年）的大殿，是整个古建筑群的精华，它所采用的木构技术已成为11世纪最先进、最具有代表性的范例。成为我国南方地区现存最古老、保存最完整的木结构建筑之一，其内部保存着丰富的历史信息，具有极高的历史、科学和艺术价值，是我们今天研究宋代建筑最宝贵的财富。然而与保国寺大殿同时代的其他建筑，由于历史、自然或人为的原因影响，几乎没有保留下来。近期在观音殿的重新陈列布置与地面清除水泥地坪的恢复过程中，偶然在分布于殿堂的金柱和内柱的柱础下部清理出有似北宋风格与形制的石质覆盆莲花式柱础（柱顶石）12只，这很值得我们对其进行深入讨论与研究。

一　观音殿建造年代与结构特色

保国寺古建筑群的观音殿是中轴线的第三进建筑，位于北宋大殿之后。关于观音殿的建造年代在史料上最早记载可能为北宋天禧四年（1020年）所建的方丈殿（后废）。根据一般寺院建筑的布局有山门、天王殿、大殿和方丈殿或法堂。所以推测出在保国寺大殿后有过建筑。目前，关于观音殿的明确记载来自于清嘉庆所编的《保国寺志》：观音殿原名法堂，建于南宋绍兴年间（1131～1162年）；法堂仅为一座单栋的殿宇，清代康熙二十三年（1684年）重修；乾隆元年（1736年）法堂两厢在原有的基础上从外迁建来两栋楼房，此后法堂成为有东西厢楼的三合院状院落。乾隆五年（1740年）重建东西楼。乾隆五十年（1785年）又一次重建东西楼，乾隆五十二年（1787年）再次重建了法堂，即奠定了今日所见的样子。此外，民国九年（1920年）曾经对其进行翻建，从现存的柱网和构架情况分析观看，建筑后部当是民国九年所加建，即向后扩展了2.9米，前檐梁架装修等也作了相应的翻修，其他部分基本保持了乾隆年间的原来面貌。

现存观音殿的总体平面布局属三合院楼式建筑，主楼面宽七间，进深六间，通面宽24.8米，通进深12.57米，为单檐歇山顶构造，楼下檐口设前廊和附加后檐，从正面观看为重檐顶，背面观看似重檐的单檐加下披的屋檐，与江南民居的宁波传统楼房建筑特色相类似。建筑的当中三开间室内仅只有一层空间，两侧的次间、梢间、尽间内部则保持原先设计的两层楼屋，梢尽间之间的楼下辟出一间宽为1.3米的狭窄通道廊，其立柱与上面为贯通，是为增立的一排柱子，这个柱网布局在类似建筑中所不多见，当属一种极不规则的临时通道廊柱。在建筑的当心间（明间）两缝前后各布置了7根柱子，次间两缝除与当心间对位的柱子之外，在柱间又增加了4根，前后共布置了11根柱子，梢间两缝楼下廊子前后有4根柱子，到了梢间与尽间之间的一缝则只布3根柱子，前廊处利用两厢楼房柱子，且与当心间、次间不对位，而与两厢房的楼房柱网联通，山墙处的柱子也如此布设。整个建筑的梁架极具穿斗式梁构架特点，且前后柱间距很近，直梁的断面瘦高，穿入柱身，给人感觉整併梁架搭配严密，稳固有力。因此，我们可从其不规则的柱网和梁架形式看出，这些结构的形成与出现均应当是历次修缮和不断扩建所遗留下的痕迹，且殿堂的前檐及梁垫处大量所使用的斗栱装饰，也是在多次重修中逐渐形成的装饰与装修现象，这种不担当承载作用的"七参凤头昂式斗栱"，是整个建筑最美丽与壮观的特色之处，也是清末至民初江浙一带民居建筑所常见的一种装饰性斗栱。

二　观音殿在保国寺整体建筑中变迁情况

据现存的保国寺史料记载，保国寺历史上历经了五次较大规模的建置，沿革情况大体清晰。分别是：

第一次建置：东汉建武年间（公元25～56年），保国寺（原名"灵山寺"）建成。

第二次建置：唐会昌二年至五年（842～845年）"武宗灭佛"之后，广明元年（880年）复崇佛教。明州（今宁波）城内国宁寺僧可恭鸣之刺史，上书朝廷，奏请建复。僖宗许之，敕赐"保国"额。

76

第三次建置：宋大中祥符六年（1013年）重建大雄宝殿，"星斗昂栱，结构甚奇，为四明诸刹之冠。"其后天僖、明道、庆历诸年，多有修筑扩充。

第四次建置：康熙二十三年（1684年）重修大殿，"前拨遊巡两翼，增广重檐"；康熙五十四年（1715年）"鸠工庀材，培偏补陷"、"未数年而奂轮备美"；乾隆十年（1745年）大殿"移梁换柱、立礎植盈"。

第五次建置：民国九年（1920年）建藏经楼和西侧客房楼屋十间一弄，并对主要殿堂作了维修。

从上述五次建置情况分析，我们可以这样认为，宋代保国寺的第三次中兴之修葺，是当为保国寺最大的一次基本格局形成的"寺多修筑扩充"的一次大修，由此认为观音殿的建筑也当在此时期所兴建与形成。

宋高宗绍兴年间（1131～1161年）建"法堂"、十六观堂（在法堂西），后废。此所说"法堂"也即今之观音殿建筑，由此也说明观音殿的存在与建造历史均早在元代之前已有建造，且以北宋天禧四年（1020年）建方丈殿为最早期而无疑，以后历代修葺与重修，均属建筑的自然或人为的损毁而所为之。另外，在民国九年（1920年）拟翻造"法堂"为"大悲阁"，拟在"法堂"后建"方丈殿"五间、两旁楼屋各九间的设计与意想，后因历史原因，绍兴年间的"法堂"改变成为了"观音殿"（大悲阁），新建的"方丈殿"五间成为了今之"藏经楼"，其两旁楼屋各九间只建造了西侧九间。保国寺的整体格局与环境至此已全部形成与建立，观音殿的建造历史也应当完全清楚与明了，即最早为宋代绍兴年间，最迟为民国九年的"翻造"。

新中国成立以后观音殿也有几次修葺，特别是在20世纪70年代对观音殿内地坪进行水泥铺浇，把原先铺设的石板地坪覆盖，因而在现文物管理部门的接管和开放期间未发现观音殿内的12只柱础。

三　柱顶石的年代分析研究

据《营造法式》卷三，现录如下："造柱础之制，其方倍柱之径（谓柱径二尺即础方四尺之类），方一尺四寸以下者，每方一尺厚八寸、方三尺以上者，厚减方之半，方四尺以上者，以厚三尺为率，若造覆盆（铺地莲花同）每方一尺覆盆高一寸，每覆盆高一寸盆，唇厚一分；如仰覆莲花，其高加覆盆一倍，如素平及覆盆，用减地平钑，压地隐起华，剔地起突，亦有施减地平钑及压地隐起莲瓣上者，谓之宝装莲花。"此次发现的石质莲花覆盆柱础（柱顶

石）共12只，呈对称分布（图1），是作为保国寺清代建筑观音殿的柱础下的柱顶石，其柱径50厘米、础方80厘米、覆盆高度10厘米、莲花唇厚1厘米，与宋代《营造法式》记

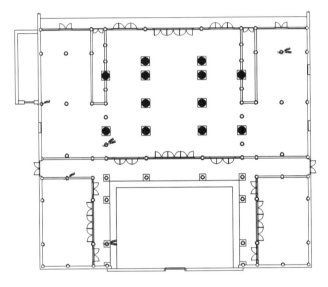

图1 观音殿石质莲花覆盆柱础分布平面图

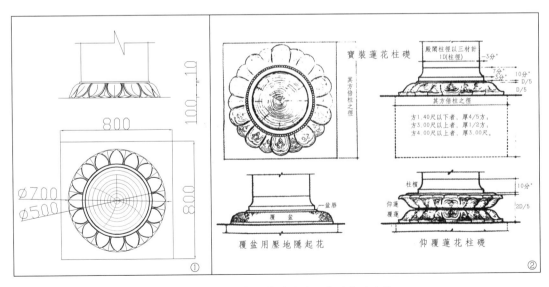

图2 保国寺柱础与《营造法式》柱础作法比较
(①为保国寺观音殿柱础，②为《营造法式》柱础)

载的比例"数据方倍柱之径、每方一尺覆盆高一寸,每覆盆高一寸盆,唇厚一分高度"相一致(图2)。

笔者在查阅梁思成先生所著的《营造法式注释》一书记载了铺地莲花做法,并以江苏苏州角直保圣寺大殿柱础实物为例。将此次保国寺观音殿中发现的石质莲花覆盆柱础与之对照,其形制高度相似(图3)。

图3 保圣寺大殿柱础与保国寺观音殿柱础比较

同时,在这批石质莲花覆盆柱础之一(位于明间东侧进深第三、第四间之间)的莲花覆盆基座上出现的"锯匠"、"花墩"等文字,均为我国古代早期建筑中技术用语所常见与使用(图4)。

综合上述三项,可据此认为现存发现的观音殿殿堂的柱顶石当是宋代遗留物无疑。

关于这批石质莲花覆盆柱础的来历,笔者认为根据石质莲花覆盆柱础规格(柱径50厘米、础方80厘米)入为当时存在的"法堂"古建筑中所遗留,那么推测"法堂"这个建筑的规模与样式和现在大殿基本一样。同时

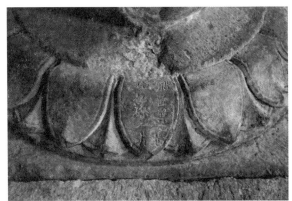

图4 保国寺观音殿莲花覆盆柱础铭文

十分巧合的是，这些石质莲花覆盆柱础的周径（直径）与保国寺大殿内现存的北宋12只檐柱的周径（直径）基本相一致。而根据史料记载，保国寺大殿在康熙二十三年（1684年）至乾隆十年（1745年）变更较大，"前拨遊巡两翼，增广重檐"、"鸠工庀材，培偏补陷"，"移梁换柱、立礩植盈"时所替换；而观音殿的前身法堂也是在该时期重修扩建的。因此，笔者认为该批石质莲花覆盆柱础也有可能是当时大殿维修时被替换的柱顶石移来所用。

参考文献：

[一] 清嘉庆版《保国寺志》

[二] 郭黛姮：《东来第一山——保国寺》，文物出版社，2003年。

[三] 梁思成：《营造法式注释》，生活.读书.新知三联书店，2013年。

【保国寺大殿价值发现60周年保护研究文章综述】

摘　要：保国寺大殿的发现在建筑史上具有重大的意义，它改写了长江以南无宋代建筑的历史。今年是保国寺大殿发现60周年，自保国寺发现以来，对其保护研究工作一直没有间断过，撰写了大量有关保国寺文物建筑的文章。有调查、建筑特征研究、建筑保护和专著等。本文拟对保国寺的研究文章进行分类综述。

关键词：论文　保护　研究

保国寺大殿的发现在建筑史上具有重大的意义，它改写了长江以南无宋代建筑的历史。今年是保国寺大殿发现60周年，1961年保国寺公布为第一批全国重点文物保护单位，2009年评为国家二级博物馆。自保国寺发现以来，对其保护研究工作一直没有间断过，撰写了大量有关保国寺文物建筑的文章。最早的为1955年刊登于《浙江日报》的《浙江省连续发现古代木构建筑》，前50年保护研究性的论文不多，主要为叙述性的论文，近几年论文不仅数量相对以往要多，类别也有所增加。为纪念保国寺大殿发现60周年，本文拟对保国寺的研究文章分类综述如下，新闻报道不在本文讨论范围。

一　调查论文

调查方面的论文有《浙江省连续发现古代木构建筑》（1955年《浙江日报》）、黄涌泉《浙江省的纪念性建筑调查概况》（1956年《文物参考资料》）、中国建筑研究室窦学智、戚德耀、方长源调查，窦学智执笔的《余姚保国寺大雄宝殿》（1957年《文物参考资料》）、陈明达《建国以来发现的古建筑》（1959年《文物》）、文物博物馆研究资料室《第一批全国重点文物保护单位中的古建筑》（1961年）、王士伦《保国寺和六和塔》（1961年《浙江日报》）、陈从周《浙江省古建筑调查记略》（1963年《文物》）、李林等《祥符招提永留名　浙东古刹保国寺》（1981年

《宁波工艺美术》）、杨新平《保国寺大殿建筑形制分析与探讨》（1987年《古建园林技术》）、余如龙《浅析宁波保国寺古建筑博物馆的特点和功能》（2006年《浙东文化》）、余如龙《江南古建之瑰宝——保国寺》（2007年《中国文化遗产》）和《保国寺的馆藏砖雕》（2007年《浙江文物》）等。

这些调查性论文中有关保国寺的描述如下：

"余姚保国寺正殿：寺在余姚洪塘镇鞍山乡，是1954年南京工学院浙江调查小组发现的。先后经过了刘敦桢、陈从周两教授鉴定，确定为北宋祥符年间（1008～1016年）建筑，殿平面近正方形，面阔进深均三间，单檐歇山顶（今屋脊瓦饰全无），清初后加副阶一周，因而现状为面阔进深均五间，重檐歇山顶。在形制和结构方面，刘、陈两教授认为可注意者：（1）柱为木制瓣形，与山东长清县灵严寺千佛殿石柱同为现存古建中仅有的例子。（2）斗栱用材巨大，七铺作，双杪双下昂。柱头铺作后尾跨二步架，这是国内所存古建筑中还是第一次看到。（3）用平闇藻井，这种方形小天花，与五台佛光寺大殿蓟县独乐寺观音阁以及苏州虎丘二山门所用相接近。省文管会对此殿的发现极为重视，1955年秋派朱家济委员并邀请陈从周教授前往勘查，在殿内沙弥座向北东腰处发现崇宁元年（1102年）"造石佛座题记"，最近又派员协助县府进行修理前必要的检查工作。目前大殿稍向后倾，约三十度，木架及斗栱尚完整，且无白蚁蛀蚀，预计不久可以动工。"（摘自《浙江省的纪念性建筑调查概况》），文中对经幢描述如下："余

姚普济寺经幢：在今慈城普济寺山门外，唐开成四年（839年）建。幢身八面，奚虚已书。顶部已有残缺。近年建水泥六角亭复幢外。我们调查时在亭外发现有浮雕的碎石五块，风格与幢座相同，疑系幢顶原物，已与有关方面联系，妥加保护。"

《建国以来所发现的古代建筑》中描述如下："在福建、浙江和广州发现了五处宋代建筑，即：福州华林寺大雄宝殿、莆田元妙观三清殿、太宁甘露庵、余姚保国寺大雄宝殿和广州广孝寺大殿，大大丰富了宋代木建筑的实例。在以前我们知道江南的宋代建筑只有苏州元妙观三清殿，并且认为长江以南不可能再找到宋代木建筑了。现在这些发现，使我们在研究宋代建筑的时候，不致局限于北方的实例。在这几处建筑中华林寺、元妙观和保国寺三座大殿，都是后代在宋代建筑的周围加了一周外壳，因而失去原来的外形，仅从外部看去竟像是一座清代的建筑物。这也给了我们一个新的启示，提高了认识。以往我们仅仅根据一两张外景照片，就作出初步判断的建筑物，现在不得不再深入的去研究一番了，可能还会有更多的发现吧！"

"余姚保国寺大雄宝殿建于宋大中祥符六年（1013年），晚于蓟县独乐寺二十九年，在结构上艺术上和独乐寺均有很多共同之处。但是也有一些不同的特点，如柱头铺作的下昂后尾长达两椽，挑斡在中平榑之下，在全部明栿之上皆不用草栿等就是最重要的特点。这种做法节约了很多木材，而且使结构更加简练，节省了施工工作量，也确保了建筑的坚固。尤其是昂的做法，似乎保

存着更古老的方式，说明昂在最初确是有更大的功能的，也可能更早的时候不但在昂上不用草栿，就是昂下也不必用乳栿或三椽栿吧。"

而《第一批全国重点文物保护单位中的古建筑》对保国寺建筑描述一笔带过。《浙江省古建筑调查记略》中对经幢说明如下"以形制而论，余姚慈城普济寺唐开成四年（839年）幢身为最大，书法皆精，奚虚己所书。"

二 研究文章

建筑特征的研究，论文有项隆元《宁波保国寺大殿建筑的历史特征与地方特色分析》（2003年《东方博物》）、刘畅及孙闯《保国寺大殿大木结构测量数据解读》（2008年《中国建筑史论汇刊》）、肖金亮《宁波保国寺大殿复原研究》、林浩及娄学军《江南瑰宝保国寺大殿——从遗存看演变脉络》（2008年《东方建筑遗产》）、林浩《保国寺古法保存探源》（2009年《中国名城》）、余如龙《论保国寺北宋大殿的特点与价值》、沈惠耀《宁波保国寺经幢复原研究》（2011年《东方建筑遗产》）、喻梦哲《保国寺大殿举屋制度再探讨》、胡占芳及邹姗《保国寺大殿制材试析》、《从保国寺大殿看宋辽时期的藻井与佛殿空间意向》、姜铮《插昂构造现象研究》、唐聪《宁波保国寺大殿的丁头拱现象试析——略论两宋前后丁头拱的现象与流变》（2012年《东方建筑遗产》）、张十庆《保国寺大殿复原研究——关于大殿瓜楞柱样式与构造的探讨》、《保国寺大殿复原研究（二）——关于大殿平面、空间形式及厦两头做法的探讨》（2012年《中国建筑史论汇刊》）以及《斗栱的斗纹形式与意义——保国寺大殿截纹斗现象分析》（2012年《文物》）、黄定福《保国寺大殿与古代的〈营造法式〉》（2013年《宁波晚报》）、张十庆《保国寺大殿厅堂构架与梁额榫卯〈营造法式〉梁额榫卯的比较分析》、余如龙《宁波保国寺大殿构造特点与地理环境研究》、沈惠耀《解读保国寺古建筑的环境美学》（2013年《东方建筑遗产》）等。

其中《宁波保国寺大殿建筑的历史特征与地方特色分析》对保国寺大殿的建筑特征有如下描述："现存的唐至宋初的木构建筑中，北方建筑当心间通常只用补间铺作一朵，或者干脆不用补间铺作。前者如佛光寺大殿、奉国寺大殿，后者如南禅寺正殿、山西榆次永寿雨花宫（1008年）。而南方建筑中如江苏苏州云岩寺塔（959年）、浙江杭州灵隐寺双石塔

（960年）、杭州闸口白塔（吴越末北宋初）等石塔，都采用了双补间铺作的作法。木构建筑中的华林寺大殿、虎丘二山门、甪直保圣寺大殿和保国寺大殿当心间，也都用补间铺作二朵。从现存建筑来看，当心间补间铺作用二朵，次间各用一朵的作法，在《法式》颁布之前中原及北方地区似乎尚未形成制度，而南方则已成惯例。由此可以推见，《法式》中的这一规定很可能来源于南方建筑的实践。"

三 保护论文

建筑保护方面的研究，论文有董益平、竺润祥等的《宁波保国寺大殿北倾原因浅析》（2003年《文物保护与考古科学》）和《隼卯连接的古木结构静力分析》（2003年《工程力学》）、余如龙《浅谈保国寺古建筑遗产的保护与维修》（2007年《第四届中国建筑史学国际研讨会论文集》）、余如龙《浅析浙江宁波保国寺大殿科技保护项目及其应用研究》（2008年《中国民族建筑研究会论文集》）、郭黛姮及肖金亮《必须重视保国寺周边环境的保护》、余如龙《构建科技监测体系，加强文物建筑科学保护力度》、沈惠耀《浅谈北宋保国寺大殿的测绘与工作体会》（2008年《东方建筑遗产》）、徐建成《保国寺人物纪事琐考》、沈惠耀《保国寺观音殿与宁波民居之比较》、符映红《浅析保国寺古建筑群虫害的防治》（2009年《东方建筑遗产》）、王天龙、刘秀英等的《宁波保国寺大殿木构

件属种鉴定》（2010年《北京林业大学学报》）、董雅琴及夏玲莉《宁波保国寺古建筑白蚁综合防治研究》（2010年《中华卫生杀虫药械》）、沈惠耀《宁波地区地震活动性特征及对保国寺古建筑的影响探讨》、符映红《保国寺大殿材质树种配置及分析》、王天龙、李永法等《宁波保国寺大殿木构件含水率分布的初步研究》、余如龙《探索文保所转型博物馆的成功之路》（2010年《东方建筑遗产》）、余如龙《浅析建筑遗产保护与科学技术应用》、符映红《无损检测技术在保国寺文物保护中的应用》、沈惠耀《勘析保国寺北宋木结构大殿的歪闪病害及其修缮对策》、曾楠《保国寺晋身"国保"年五十 宋遗构甬城"国宝"传千载》（2011年《东方建筑遗产》）、陈勇平、王天龙等《宁波保国寺大殿瓜棱柱内部构造初探》（2011年《林业科学》）、符映红、毛江鸿《光纤传感技术在保国寺结构健康监测中的应用》（2012年《东方建筑遗产》）、符映红《浅析物联网与古建筑的预保护——以保国寺文物保护中的应用为例》（2013年《东方建筑遗产》）、孙英杰《千年古建筑（宁波保国寺大雄宝殿）变形观测中些许问题的浅析》（2013年《城市理论研究》）、淳请、喻孟哲、潘建伍《宁波保国寺大殿残损分析及结构性能研究》（2013年《文物保护与考古科学》）等。

《宁波保国寺大殿北倾原因浅析》中叙述如下："大殿结构自清乾隆时期起始发现整体向北倾斜，本节将尝试用有限元静力分析手段，对大殿结构北倾可能原因作一研究

探讨。一般建筑物的整体变形损坏的直接起因主要取决于3个部分：地基、基础和建筑物本身主体结构。木构古建筑一般都有较长的历史，其间可能由于自然环境变迁和人为作用等导致地基或基础出现问题，也可能因为自然侵蚀及本身老化而使主体结构失去稳定而变形。"

四　图录、图书及专著

图书有：1996年浙江摄影出版社出版的《保国寺》，1999年中国摄影出版社《保国寺画册》，2001年文物出版社出版、2002年再版《砖雕与石刻》，文物出版社自2007年起每年出版一卷《东方建筑遗产》，2012年文物出版社《带你走进博物馆——保国寺古建筑博物馆》，2013年中国民族摄影艺术出版社《灵谷光影——保国寺摄影集》、《精进丹青——保国寺书画集》等。

专著有：《东来第一山——保国寺》（2003年文物出版社），《宁波保国寺大殿：勘测分析与基础研究》（2012年东南大学出版社），《保国寺新志》（2013年文物出版社）。

其中《宁波保国寺大殿：勘测分析与基础研究》一书入选国家"三个一百"原创图书出版工程，是为纪念我国南方现存最古老、保存最为完整的木构建筑—宁波保国寺大殿建成1000年而作。该书中关于保国寺大殿采用最新的精细测绘技术，结合手工测绘研究营造技术的最新成果而得出的勘察实测资料，是迄今最为全面、深入和翔实的。而《保国寺新志》上续民国十年（1921年），下迄木构大殿重建千年之日（2013年），以构成一部真实生动、脉络鲜明、编排科学、体例创新的佛寺建筑的历史。新志以"大事记"为纵轴，以"环境"、"沿革"、"建筑"、"保护"、"研究"、"利用"、"管理"为横排，体例新颖，内容饱满。是对保国寺历年文物保护、管理工作的一次总结。

【基于受众心理需求的古建筑博物馆陈列标识环境设计探索】

——以宁波保国寺古建筑博物馆策展设计为例

王　伟·宁波市保国寺古建筑博物馆

摘　要：本文以保国寺古建筑博物馆策展为例，系统地分析了各类观众的心理与参观需求，并以此为依据，探索古建筑专题博物馆的展示陈列、展馆标识与展馆环境的设计原则与对策。

关键词：古建筑博物馆　观众心理需求　标识环境　设计探索

一　引　言

保国寺古建筑博物馆自2006年建立以来，严格遵循"在发展中保护、在保护中发展"的理念，在确保文化遗产得到原真性保护的前提下，通过精心设计与策划，针对不同类型的受众，分析和满足多元的观瞻目的与需求，在博物馆陈列展示、学术研究、公共服务、教育传播等领域做了大量的基础性工作和探索。但是如何让公众把保国寺的认知定位从名称意义上的宗教建筑转变到专注于传承弘扬中华优秀传统建筑文化的公益性专题博物馆，这是一个心理适应和理念转换的过程，需要在传统设计的基础上，不断地加强文化内涵的深度阐述和挖掘，并将深邃的建筑文化遗产历史、科学、艺术价值从专业领域的"象牙塔"走进"大千世界"中，以塑造保国寺完整的文化形态，最终获得最大"普世价值"。本文从观众心理需求分析入手，探索保国寺古建筑博物馆的展陈、标识、环境体系，提出了设计原则和在实践操作中的建议对策。

二　两大类型的受众心理需求与分析

（一）专家学者型

专家学者型游客主要是指建筑学专业的教育背景或对建筑学有研究

的游客。他们来保国寺古建筑博物馆的目的是研究和欣赏古建筑，而非简单的旅游休闲。对于专家学者型受众的需求来说，保持古建筑原貌是最好的呈现和展示。强化保国寺自身建筑价值及其承载的历史文化价值是展示的最大重点，符合专家学者型的期待。作为古建筑博物馆，保国寺不能只充当展厅的作用，更要突现其自身古建筑的文化价值。比如保国寺大殿作为整个古建筑博物馆的精华所在，应得到最为充分的保护与展示，在游览的主线上不断强化和展示其木构艺术的魅力。所以要求配套展示内容不能流于浮表，而要保证有较高的学术性、文献资料详尽、研究严谨深入，让专家学者型受众保持较为持久的兴趣，并对展览内容有深层次的关注。

（二）普通游客型

普通游客泛指专家学者型范畴以外的大众游客，这类游客并不仅仅是为了欣赏保国寺的建筑，而多抱有普通旅游度假的目的。普通游客的动机不甚明确，有的甚至只为了暂时躲避城市的无聊与喧嚣，寻找临时性的精神慰藉。因此，此类游客对于保国寺古建筑的欣赏只是流于表象的。良好的展示设置可以让游客留下美好印象，会激起偶然性游客再次光临的欲望。此类游客并不期待博物馆的展示过于学术化，他们可能会把游览当作娱乐。所以保国寺的展示设置必须考虑形式的亲切感和可参与性。在观赏过保国寺大殿的珍贵宋代木构建筑和观音殿的木构演变史之后，可以亲手拼装组合木构模型，亲身体会古人巧夺天工的智慧，实为寓教于乐，

且适合各年龄层次的游客需求。保国寺是古建筑专题博物馆，其大殿是现代人验证、学习、研究宋代木构建筑的有力依据，其建筑环境和主题思想有着非同一般的独特性。在设计保国寺陈列布展时，还应考虑标识系统既能指示方位又有导览实用的功能，同时还要有保国寺的美学、文化背景，体现保国寺文化积淀。普通游客型往往喜欢购买有纪念意义的装饰品，因此，开发保国寺的衍生产品很有必要，可以对游客感兴趣的内容进行有益的补充。这些展陈设计使整个展览过程显得趣味十足，不会因专业背景知识的缺乏使受众在参观过程中有单调和距离感。

三　人性化的博物馆展陈体系的设计探索

（一）基于观众心理需求的博物馆标识与环境设计探索

标识说明牌对观众有指示性导览的作用，多用于指示通向各个展览厅、景点、服务设施，推荐游览路线，对展厅陈列和文物展品介绍等。标识说明牌要根据观众视觉特点、参观角度和高低等特点设计。首先是博物馆标识的醒目性。标识牌的主要作用是指导观众参观，并给予指引、警告等，如果醒目性不强则会失去其作用。在标识牌尺寸、高度、色彩、材料、位置的选择上既要醒目又无过于突兀之感。其次是注意标识牌的材质。保国寺外部环境光照较好，标识牌不需特殊设置。但室内光照较差，特别是保国寺大殿作为重点文物保护建筑，内部不能引入电源，致使光线不足，在傍晚或阴天时情况

更甚，无法看清介绍牌内容。加之自然环境因素，每年梅雨季节，保国寺内湿度较大。因此，要注重标识牌材料的反光性及防潮性。第三是注重标识牌的角度。涵盖游客必读内容的标识一般为45度斜面，设置台面与人的视线垂直，增强观众阅读舒适度；警示牌为32度斜面，更接近人的阅读习惯，观众很容易在较远的位置就发现警示牌；景点指示牌高度为170厘米，与成年人的视平线位置相当，既醒目又给人以亲近感；总导览牌体量较大，便于引起游客注意，尺寸设置适合游客在130～150厘米的距离阅读，可供5～8人同时阅读。第四是标识牌的造型设计。以瓜楞柱、斗栱、柱础、隔扇等建筑结构中提取元素，用来设计标识牌造型，选材和色彩与周围环境相协调，油漆和木结构搭配充分体现古典与时代完美结合，既给人以历史的厚重感，又不失时代气息，使得标识系统在外观上有很强的统一性，整体美观、易于辨认，各标识牌样式、色彩、材质统一和谐，烘托出保国寺古建筑博物馆的文化主题。第五是标识牌配置多国文字介绍，按照博物馆、A级景区评价体系要求，博物馆标识牌以四国文字配置使用比较适合，符合保国寺博物馆的观众人群地域分布特点。

（二）展柜设计布置应适合观众视角的需求。

为契合古建筑传统风格和展示主题，其造型设计和材料选择与标识相统一，展柜整体效果既充满古典美又有现代感。根据博物馆展示内容和展示场馆的特点，用以下几种展柜样式来满足不同展示要求。一是适用展示各种模型、文物或文献资料等，可供参观者从各个角度欣赏；二是适用于展示各种面积较大高度较低的模型和文物文献资料等；三是根据保国寺建筑室内柱子较多特点，设计柱间展柜形式适用于展示木窗、格扇、小型木雕，石花窗或体积较薄的文献资料等，可供游客前后两面观赏。

四 舒适化的博物馆景观环境语言的设计探索

保国寺古建筑博物馆采用开放性的绿化景观串联整个游览线路，将景观布局与观众的游览环境相协调，适度调节参观者的游览节奏，使整个博物馆参观有节有度、有张有弛，丰富休闲旅游的功能，增加观赏性。保国寺绿化景观以营造中国传统园林古建的古典韵味为意境，以松、竹、梅为主题，以石、树、水为主景，以古朴雄峻的建筑为背景，形成一幅幅浓墨淡彩的水墨小景。馆内植物以荷、菊、兰为主，与馆外遍布桂花形成呼应，形成"荷、菊、兰、桂"等主题，以烘托各种花卉植物鲜艳芬芳和景石的秀丽多姿。中轴线以文人画为基础，取材松、竹、梅元素为主景。采用盆栽紫竹，既有江南园林的景观效果，又保留建筑与浅水池景，将山门入口与大殿月台串联一线，成为保国寺重要景观。在博物馆东西两侧设有祥符园和枫树坪，青枫苍劲有力，千年老树根蜿蜒曲折，和谐共生，起到放松视觉、缓解疲劳的作用。这些绿色景观烘托起千年古刹的历史沧桑，使参观者在空幽雅致的环境中自然心情轻松愉悦。

结合传统园林手法，糅合自然景观与盆景植物，利用周边山林以游廊形式布置健身步道，形成新的游览路线，丰富景观层次，将观众引入大自然环抱，四季鲜花满园，游客在此游玩可随时随地获得美的享受。入口处休闲广场是保国寺景观的一大亮点。游客参观前会在此驻足停留片刻，环顾周围景致，形成对保国寺的初步印象。同样，结束参观后在此停留休息、回味、交流参观感受。以石块铺地，疏密有致的乔木映衬，点缀几组传统石桌凳，烘托出南宋山水画平淡天真的意境，增添保国寺的古雅氛围和闲适意韵。

五 结束语

古建筑博物馆的陈列设计大有学问。首先要考虑不同人群、不同目的的观众普遍的心理需求。分析他们的特点、爱好、文化背景，提供的服务满足他们的需求。在展陈设计上，除了保国寺大殿用原真性展示，其他各展览厅的布局要合理，内容循序渐进，说明牌内容翔实。标识清楚，指示牌明显。同时营造幽静、优雅、整洁的环境。因此，塑造保国寺形象，陈展标识策划设计很重要，好的设计小到可以雕琢馆内局部细节，大到可以提升保国寺古建筑博物馆的整体形象。同时要保证交通畅通便捷，破除过去保国寺孤立、独置、偏远和古建筑博物馆很难吸引观众的印象。以保国寺古建筑博物馆为中心，辐射周边景点，形成各具特色，可供观众玩赏，内容丰富，人气兴旺的重要文化旅游线路，促进古建筑博物馆的文化内涵得到发扬光大。引观众兴趣的难题。通过古建筑博物馆应响周边环境，拓展各具特色，可供观众玩赏内容丰富、内涵独特、资源丰富、人气兴旺的重要文化旅游景点，保障古建筑博物馆的文化得到发扬光大。

「建筑美学」

肆

【杭州西湖文化景观的兴废及其启示】

吴庆洲·华南理工大学建筑学院

摘 要：文中由杭州西湖的产生及其对杭州城发展繁荣的重大作用，以及苏轼把西湖比作人之眉目，说明西湖对杭州之重要。文中论述历代西湖文化景观之建设，西湖十景之产生的历史文化背景及其传统美学内涵，对国内乃至世界深远影响，论述杭州西湖文化景观的兴废的五方面启示，认为杭州西湖是以水营造城市文化特色的典范，其历史经验值得参考、借鉴。

关键词：杭州 西湖文化景观 兴废 启示 历史经验

93

一 前 言

2011年6月24日，杭州西湖文化景观在法国巴黎举行的联合国教科文组织第35届世界遗产委员会会议上顺利通过审议，正式列入《世界遗产名录》。世界遗产委员会认为："杭州西湖文化景观是文化景观的一个杰出典范，它极为清晰地展现了中国景观的美学思想，对中国乃至世界的园林设计影响深远。"

杭州西湖文化景观占地面积3322.88公顷，由西湖自然山水、"三面云山一面城"的城湖空间特征、"两堤三岛"景观格局、"西湖十景"题名景观、西湖文化史迹、西湖特色植物六大核心要素组成。

杭州以西湖文化景观闻名于世界，杭州营造西湖文化景观的历史经历了何种曲折坎坷？有什么教训和经验？杭州西湖文化景观历代的兴废对我们有什么启示？本文拟对此进行探讨。

二 西湖的产生与杭州城的发展繁荣

据魏嵩山先生的研究，杭州现城区和西湖所在，直到秦代仍是海湾。自东汉筑塘防海，西湖与海隔绝，湖水才逐渐淡化，城区才逐渐形成陆地。隋唐以后，杭州陆地面积继续向外扩展。隋代杭州开始筑城，当时城区内皆咸水。唐代李泌在杭州建六井，把西湖甘水引到市区，促进了城市的发展。

唐李泌任杭州刺史，为了解决城市居民饮水问题，又引西湖水入城，于城内开凿六井：相国井在今延安路、解放路口，西井在今延安路西口，金牛井在旧涌金门内，方井、白龟池、小方井在今湖滨路。于是杭州城市日趋繁荣，"骈墙二十里，开肆三万室"，成为江南大郡。不过比起苏州当时杭州的地位仍然居下，所谓"稚亚吴郡"。经过五代吴越的发展，到了北宋时期，杭州已是"四方之所聚，百货之所交，物盛人众，为一都之会"，城市人口骤增到"盖十余万家"，地位遂跃居苏州之上。"江帆海舶，蜀商闽贾，水浮陆趋。……有安康之鳅金、白胶，汝南之蓍草、龟甲，上党之石密、赀布，剑南之缟纻、笺锦，其他球琳琅玕，铅松怪石，缤蛛㲲丝，杶榦栝柏，金锡竹箭，丹银齿革，林漆丝枲，蒲鱼布帛，信都之枣，固安之橹，暨浦之三如，奉化之海错，奇名异状，伏够堆积"。当时有所谓"天上天堂，地下苏杭"之谚。[一]

由上可知，西湖由泻湖到筑塘与海隔绝，湖水逐渐淡化，城区逐渐成陆。在隋代之前，杭州城市一直发展缓慢，因"水泉咸苦"，直接影响到城市发展。唐代李泌引西湖水入城，城内凿六井，促进了杭州城的发展和繁荣。因此，西湖的淡水是杭州城发展和繁荣的重要因素。没有西湖，就不可能有美丽的杭州城。

94

三　苏轼名言：杭州之有西湖，如人之有眉目

杭州西湖并非生来就风景宜人，她曾多次濒临湮灭。北宋苏轼就面临拯救西湖的严重问题。

苏轼曾于北宋熙宁中（1068～1077年）做过杭州通判，元祐五年（1090年）为杭州太守，见西湖有湮废之虞，特向朝廷奏议，认为西湖不可废。"杭州之有西湖，如人之有眉目。"把西湖比作人的脸面眉目，是宋代苏轼在宋哲宗元祐五年（1090年）给朝廷的奏议《杭州乞度牒开西湖状》中的名言。

苏轼在奏议中论述：

臣闻天下所在陂湖河渠之利，废兴成毁，皆若有数。惟圣人在上，则兴利除害，易成而难废。……

杭州之有西湖，如人之有眉目，盖不可废也。唐长庆中，白居易为刺史。方是时，湖溉田千余顷。及钱氏有国，置撩湖兵士千人，日夜开浚。自国初以来，稍废不治，水涸草生，渐成葑田。熙宁中，臣通判本州，则湖之葑合，盖十二三耳。至今才十六七年之间，遂埋塞其半。父老皆言十年以来，水浅葑合，如云翳空，倏忽便满，更二十年，无西湖矣。使杭州而无西湖，如人去其眉目，岂复为人乎？

臣愚无知，窃谓西湖不可废者五。天禧中，故相王钦若始奏以西湖为放生池（图1），禁捕鱼鸟，为人主祈福。自是以来，每岁四月八日，郡人数万会于湖上，所活（放）羽毛鳞介以百万数，皆西北向稽首，仰祝千万岁寿。若一旦埋塞，使蛟龙鱼鳖

图1　放生嘉会（《新镌海内奇观》夷白堂刻本，1609年。刘昕主编：《中国古版画·地理卷·胜景图》，第58页）

同为涸辙之鲋，臣子坐观，亦何心哉！此西湖之不可废者，一也。杭之为州，本江海故地，水泉咸苦，居民零落，自唐李泌始引湖水作六井，然后民足于水，井邑日富，百万生聚，待此而后食。今湖狭水浅，六井渐坏，若二十年之后，尽为葑田，则举城之人，复饮咸苦，其势必自耗散。此西湖之不可废者，二也。白居易作《西湖石函记》云："放水溉田，每减一寸，可溉十五顷；每一伏时，可溉五十顷。若蓄泄及时，则濒河千顷，可无凶年。"今岁不及千顷，而下湖数十里间，皆菱谷米，所获不赀。此西湖之不可废者，三也。西湖深阔，则运河可以取足以湖水。若湖水不足，则必取足于江潮。潮之所过，泥沙混浊，一石五斗。不出三岁，辄调兵夫十余万工开浚，而河行市井中盖十余里，吏卒搔扰，泥水狼藉，为居民莫大之患。此西湖之不可废者，四也。天下酒税之盛，未有如杭者也，岁课二十余万缗。而水泉之用，仰给于湖，若湖渐浅狭，水不应沟，则当劳人远取山泉，岁不下二十万工。此西湖之不可废者，五也。[二]

苏轼"开湖祭祷吴山水仙五龙王庙祝文"中亦云：

杭之西湖，如人之有目。湖生茭葑，如目之有翳。翳久不治，目亦将废。[三]

在这里，苏轼认为西湖就是杭州的眼睛。没有了西湖，杭州就如同人失去了眼睛。

苏轼所云，句句在理。"使杭州而无西湖，如人去其眉目，其复为人乎？"杭州无西湖，就如同人的眼睛已盲，她还算是杭州吗？无西湖的杭州，已经面目全非，还是"人间天堂"吗？（图2～4）

[一] 魏嵩山：《杭州城市的兴起及其城区的发展》，《历史地理》1981 年创刊号，第160～168 页。

[二] [宋] 苏轼：《杭州乞度牒开西湖状》，余冠英、周振甫、启功、傅璇琮主编：《唐宋八大家全集（第四卷）》，国际文化出版社公司，1998 年，第3817 页。

[三] [明] 解缙等编：《永乐大典》（卷2263），北京图书馆出版社，2003 年。

95

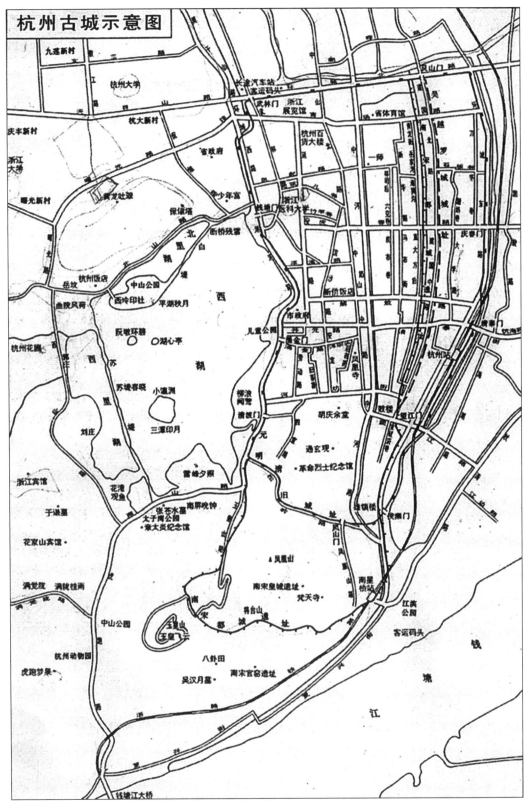

96

图2　杭州古城示意图（《中国历史文化名城大辞
典·上》，中国人事出版社，1995年，第244页）

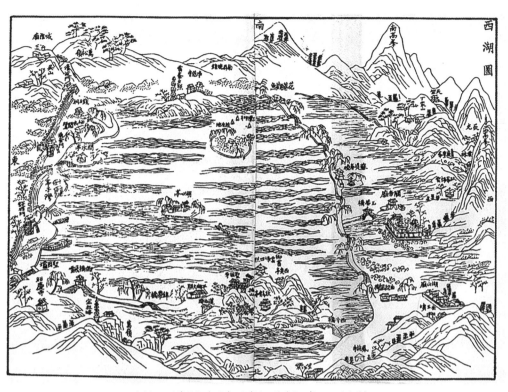

图3　西湖图（《雍正浙江通志》卷一，图说）

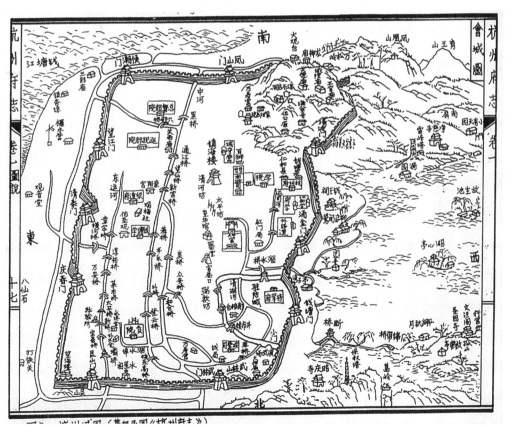

图4　杭州城图（摹自《民国杭州府志》）

四 五代至两宋对西湖的建设、管理及西湖十景的问世

1．五代至南宋时期对西湖的管理和疏浚[一]

（1）五代钱镠特置撩兵千人，浚治西湖，并开涌金池，引湖水入城利舟楫，并作大、小堰以蓄水。

（2）宋真宗景德四年（1007年），郡守王济命浚治西湖，增置斗门，以防溃溢。

（3）宋哲宗元祐五年（1090年），苏轼守杭，大力浚治西湖，为西湖建设立不朽之功。

（4）南宋建都杭州，西湖浚治建设更好，增置开湖军兵，修六井阴窦水口，增置水门斗闸，蓄泄有度。禁官民抛弃粪土，栽芰荷，秽污填塞湖港，增筑堤岸防水溢致灾等等。

2．吴越国和两宋尤其是南宋对西湖的文化景观建设

西湖的魅力不只是一湖碧水，幽深洞壑，潺潺清泉，还在于有精致的亭台楼阁、凿刻神奇的石窟造像和繁花似锦的各种园苑。这些文化艺术的建树，历史上首推吴越国和南宋两个朝代。吴越国的三代五个皇帝都信仰佛教，现在西湖属于古迹的寺庙、宝塔、经幢、石窟造像，大部分是这个时期建造和镌刻的。那时除扩建东晋的灵隐寺外，新建的寺庙就有：昭庆寺、净慈寺、理安寺（位于九溪）、六通寺（位于赤山埠）、灵峰寺（位于灵峰）、云栖寺（位于云栖）、韬光庵（位于北高峰）、法喜寺（位于上天竺）、宝成寺（位于吴山）、开化寺（位于月轮山）；改建的有：玉泉寺为净空院、中天竺寺为崇寿院、下天竺寺为五百罗汉院等，所以一时杭州有"佛国"之称。兴建的宝塔有：保椒塔、六和塔、白塔、雷峰塔；经幢有：灵隐天王殿、法镜寺、梵天寺、虎跑寺共四对。飞来峰、紫云洞、烟霞洞的石窟造像，也有这个时期镌刻的作品。这些栩栩如生的造像，成为今天西湖宝贵的艺术珍品，显示了那个时代劳动人民的智慧和情操。

偏安杭州的南宋朝廷，给西湖添景增彩的，除在凤凰山一带营造宫殿园苑外，又在西湖四周修建了不少御花园，供皇室、官宦寻欢作乐。著名的有万松岭一带的富景园、御东园、秀花园、北园、三茅观等，城东的东御园、五柳御园；城西的聚景御园、曹园；南山的庆尔御园、屏山御园、真珠园，北山的集芳御园、四圣延祥御园、下竺御园；钱塘门外的云洞园、玉壶园、具美园、山涛园、水月园、凝碧园；孤山路口的总宜园；苏堤的九里松嬉游园；涌金门的泳泽园、环碧园，总共四十多座。这些花园中布置有亭阁斋台、清泉秀石、奇葩异木。它们像一朵朵鲜花，环绕着秀丽的西湖，诱得明朝正德年间日本国使者路过这里，赞叹地写下"昔年曾见此湖图，不信人间有此湖。今日打从湖上过，画工还欠着工夫"的诗句。到了清朝，这些园苑中虽有不少堙废，但一位日本友人上田休看了西湖，仍赞叹地写下了诗篇：

西湖今日放扁舟，淡淡轻烟隔画楼。

不料功风名雨际，三潭别有小瀛洲。

"西湖十景"的命名也是在这时开始的。1131年（南宋绍兴初年），宋高宗赵构在万松岭紫云殿主持成立了"南宋画院"，集合了一批画家游山玩水，画了不少西湖山水风景。画成后在题景目时，画家马远等分别题"柳浪闻莺"、"苏堤春晓"、"曲院荷风"（清朝改名"曲院风荷"）、"平湖秋月"、"三潭印月"、"断桥残雪"、"雷峰夕照"（清朝改名"雷峰西照"）、"南屏晚钟"（清朝改名"南屏晓钟"）、"两峰插云"（清朝改名"双峰插云"）、"花港观鱼"十景图，自此，一直流传至今。当时画家们因慨宋室偏安局面，在画面上往往只画西湖景观的一角，以表示剩水残山之意。

这一时期，朝廷对西湖的管理也十分精心，曾规定："着令地方里甲，日遂巡探，若有倾撒污秽之徒，即行拴缚送该管水利官痛责。"又有"西湖惟务深阔涓净，禁止官民不得抛弃粪土，栽植菱茭，请佃包占，或有违戾，许人告捉，以违制论"等。这些建筑和这一类严格的管理，终于把"不是人寰是天上"的西湖绣得更美。西湖在历史上还有过三个名字，最早为"武林水"，以后又称"金牛湖"、"明圣湖"。唐朝当时州城从钱塘江边移到今天钱塘门内的冲积平原上，因湖的位置在钱塘县西，才改称"西湖"[二]。

五 天堂美景——西湖十景

西湖十景出现在南宋。宋本《方舆胜览》云：

西湖，在州西，周回三十里，其涧出诸涧泉，山川秀发，四时画舫遨游，歌鼓之声不绝。好事者尝命十题，有曰：平湖秋月、苏堤春晓、断桥残雪、雷峰落照、南屏晚钟、曲院风荷、花港观鱼、柳浪闻莺、三潭印月、两峰插云。[三]

祝穆《方舆胜览》原本刻印于理宗嘉熙三年（1239年）[四]，至迟在此前，西湖十景已形成。

西湖十景也采用四字景名，由于南宋定都临安，杭州有"天堂"之称。西湖十景的影响力比潇湘八景更大，更进一步推动了景观集称文化的发展。

[一] 钟毓龙：《说杭州》，浙江人民出版社，1983年，第116页。

[二] 潘一平、乌鹏廷、陈汉民编著：《杭州湖山》，上海教育出版社，1984年，第39～42页。

[三] 浙西路·临安府·《宋本方舆胜览》，卷一。

[四] [宋] 祝穆：《宋本方舆胜览》，上海古籍出版社，1986年，第126页。

99

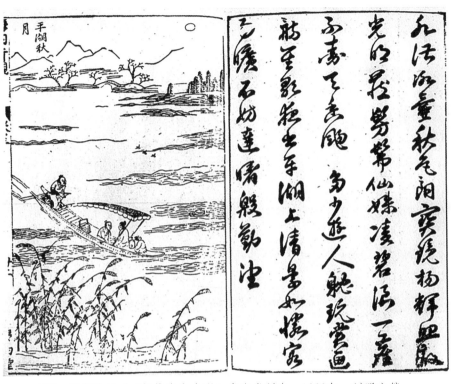

图5　平湖秋月（《新镌海内奇观》夷白堂刻本，1609年。刘昕主编：《中国古版画·地理卷·胜景图》，第43页）

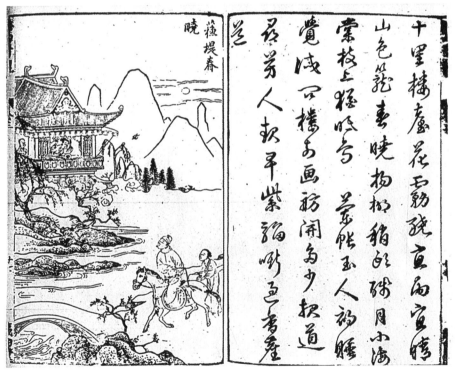

图6　苏堤春晓（《新镌海内奇观》夷白堂刻本，1609年。刘昕主编：《中国古版画·地理卷·胜景图》，第38页）

1. 平湖秋月（图5）

西湖十景之一，是在中秋之夜观赏万顷平湖中的明月沉浮美景。"万顷湖平长似镜，四时月好最宜秋"这一楹联，正好描绘了这一美景[一]。

2. 苏堤春晓（图6）

苏堤，自南而北横贯西湖，全长2.8千米。"西湖景致六条桥，一枝杨柳一枝桃。"风光旖旎的"苏堤春晓"就在这里。

提起苏堤，人们自然会记起北宋诗人苏东坡。苏东坡曾于宋代熙宁四年（1071年）、元祐四年（1089年）先后到杭州，做过三年通判和两年知州。他组织二十万民工疏浚西湖，然后利用湖泥葑草，筑成了这条从南屏山下直通栖霞岭麓的长堤，又自南而北在堤上建造了"映波"、"锁澜"、"望山"、"压堤"、"东浦"、"跨虹"六座石拱桥。苏东坡有诗记述此事道："我在钱塘拓湖渌，大堤士女争昌丰。六桥横绝天汉上，北山始与南屏通。忽惊二十五万丈，老葑席卷苍烟空。"后人为了纪念他的功绩，就把这条长堤叫作苏堤。

苏堤景色四时不同，晨昏各异。春日之晨，六桥烟柳笼纱，几声莺啼，报道苏堤春早，风光最为秀丽，所以历代诗人多有吟咏。南宋画院的画家把这里称为"苏堤春晓"，列为"西湖十景"之首[二]。

3. 断桥残雪（图7）

断桥，是白堤的起点，正当外湖和里湖的分水点上。"断桥残雪"是著名的"西湖十景"之一。

断桥之名最早起于唐代，诗人张祜有"断桥荒藓涩"之句，可见这里当时是座苔藓斑斑的古老石桥。宋代称宝祐桥，附近有总宜园、凝碧楼、秦楼等亭台楼阁。元代称段家桥，诗人钱惟善有"阿姨近住段家桥"之句。又因孤山来的白堤到此而断，故一名断桥。

现在的断桥是一座独孔环洞桥，两边有青石栏杆，远远望去，势若长虹。桥堍东北，在绿树嘉荫之下，有朱栏青瓦的"断桥残雪"碑亭。亭旁有一座飞檐翘角的水榭，原题名"云水光中"。冬日站在桥上赏雪，远山近水，银装素裹，分外妖娆。

根据我国民间故事《白蛇传》，白娘子和许仙曾在这里相会。《断桥相会》这出折子戏，更给断桥增添了浪漫主义的色彩[三]。

4. 雷峰夕照（图8）

雷峰塔位于净慈寺前的雷峰上。公元975年，吴越国王钱俶因黄妃得

[一]浙江人民出版社编：《西湖揽胜》，浙江人民出版社，1979年，第37页。

[二]浙江人民出版社编：《西湖揽胜》，浙江人民出版社，1979年，第32页。

[三]浙江人民出版社编：《西湖揽胜》，浙江人民出版社，1979年，第35页。

101

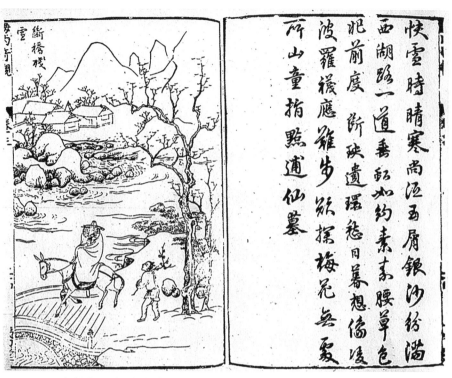

图7　断桥残雪（《新镌海内奇观》夷白堂刻本，1609年。刘昕主编：《中国古版画·地理卷·胜景图》，第45页）

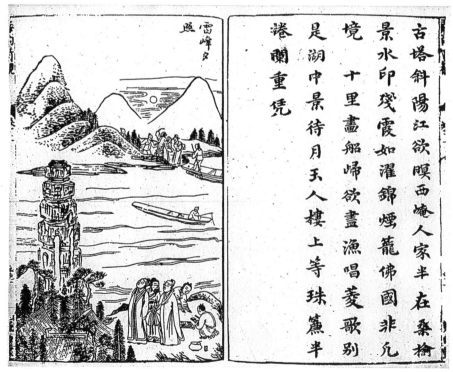

图8　雷峰夕照（《新镌海内奇观》夷白堂刻本，1609年。刘昕主编：《中国古版画·地理卷·胜景图》，第42页）

子，特建此塔以示庆贺，名黄妃塔。又因它建在当时的西关外，所以也称西关砖塔。

雷峰塔当年原拟建造成为高达一千尺的十三层塔，用来藏佛螺髻发和八万四千卷佛经，后来只造了七层。初建时，塔上重檐飞栋，洞窗豁达，十分壮观。明嘉靖时，倭寇入侵，疑心塔中有伏兵，纵火焚塔，仅存塔心。后来底层砖块被挖一空，终于1924年农历八月坍圮。塔圮后，在塔砖孔内发现藏有《宝箧印经》。印经开卷写着："天下兵马大元帅吴越国王钱俶造此经八万四千卷，舍入西关砖塔，永充供奉，乙亥八月。"算起来雷峰塔从建塔到塌圮间有950年历史。

雷峰塔之所以远近知名，不仅因为这座塔塔形古朴，在斜阳夕照中别有一番景色；更因为它与《白蛇传》这一美丽的民间传说有关。法海破坏了白娘子与许仙的美好婚姻，又将她禁锢在雷峰塔下。人们对追求自由幸福生活的白娘子深表同情，对法海这一封建统治势力的代表十分憎恨，所以千方百计想把白娘子从雷峰塔底救出来。而据说过了许多年之后，白娘子终于被修炼成功的小青从塔中救了出来，法海则被迫躲进了蟹壳[一]。

[一]浙江人民出版社编:《西湖揽胜》，浙江人民出版社，1979年，第124～125页。

103

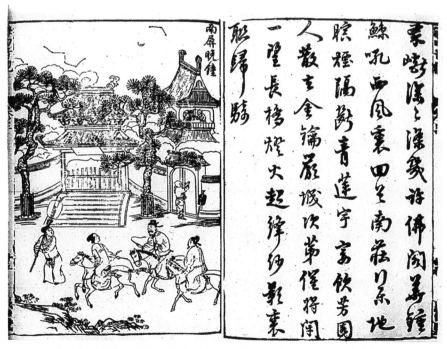

图9　南屏晚钟（《新镌海内奇观》夷白堂刻本，1609年。刘昕主编：《中国古版画·地理卷·胜景图》，第46页）

5. 南屏晚钟（图9）

"南屏晚钟"和"雷峰夕照"这两个风景点都位于葱茏苍翠的南屏山下。虽然如今钟废塔坍，但仍然给人们留下美好的记忆。

"南屏晚钟"指的是西湖四大丛林之一净慈寺的钟声。净慈寺在慧日峰下，是五代后周显德元年（954年）吴越国王钱俶为了供奉当时有名的永明禅师而造的，原名"慧日永明院"。永明禅师是西湖南山佛教的开山祖，入室子弟多达两千多人。他编纂的《宗镜录》对佛教界有很大影响，据说许多国外佛教信徒曾远道航海前来向他求教。

净慈寺在南宋时曾改为"寿宁禅院"，后又改为"净慈招恩光孝禅寺"，并建造了五百罗汉堂，规模宏大。据说苏州西园的五百罗汉堂，就是仿照这里的样子建立的。明朝寺院两毁两建。清代康熙三十八年（1699年）重修。以后又经过四次修缮，才逐渐恢复壮观。当时的寺宇建筑布局和灵隐寺一样雄伟壮丽，分前、中、后三殿。中间的大雄宝殿1955年曾重新修建过，单层重檐，黄色琉璃瓦屋脊，显得庄严宏伟。寺里旧有一口大钟，每到傍晚，钟声在苍烟暮霭中回荡，格外悠扬动听，这就是"南屏晚钟"题名的由来。

净慈寺之所以名闻遐迩，是与民间传说中的济公和尚分不开的。相传宋朝嘉泰年间，净慈寺大殿被焚，长老无力修建。济公称三日之内可以弄到木料，兴工建寺。谁知济公说过以后，不见行动，天天喝酒，烂醉如泥。他整整睡了三天，长老十分着急。到第三天，济公突然大嚷："木料到了！"

长老惊问木料在哪里。济公说："我去四川募化大批木料，现已从海上运来。寺里的醒心井与大海相通。只要在井上搭起木架，装起辘轳，一根根拉上来就是了。"长老将信将疑，叫人搭好木架。井内果然有一根木头高出水面。大家七手八脚用辘轳将木头往上拉，拉了一根，井内又有一根冒上来。这样一直拉到第七十根，不知谁喊了声："够了！"说也奇怪，最后一根木头就再也拉不上来。从此，这口醒心井被称为"神运井"，又叫"运木古井"。这最后的一根木头就一直留在井底。

南屏山是我国饲养金鱼较早的地方。苏东坡诗云："我识南屏金鲫鱼，重来扪槛散斋余。"可见北宋时这里就有人养金鱼了[一]。

6. 曲院风荷（图10）

"曲院风荷"在苏堤跨虹桥西北角，面积半亩，为"西湖十景"之一。宋朝诗人杨万里对西湖夏日荷花曾有题咏："毕竟西湖六月中，风光不与四时同，接天莲叶无穷碧，映日荷花别样红。"

据地方志记载，宋朝时这个风景点是在灵隐路洪春桥的溪流旁边。当时那里有一家酿造官酒的曲院，里面种了许多荷花，茭荷深处，清香四溢，称为"曲院荷风"。后曲院湮没，风景点沦为废墟。到清朝康熙年间才在岳湖引种荷花，建亭立碑，题为"曲院风荷"。

现在这个风景点已着手扩建。计划以现有的碑亭为起点，把岳湖、金沙港、郭庄连成一片，改建成一座大型公园。公园内辟五个荷池，将分别栽种红莲、粉莲、白莲以及花瓣重叠的"重台"等各种荷花，使"曲院风荷"成

麯院風荷

五月凉風来麯院笑蕖紅白都開
遍遞花香清不斷採蓮舟過
歌聲緩醉折碧筒供笑玩翠蓋
紅綃高下翻零亂向晚新涼醒
酒面六銖衣薄停紈扇

图10　曲院风荷（《新镌海内奇观》夷白堂刻本，1609年。刘昕主编：
《中国古版画·地理卷·胜景图》，第41页）

为"芙蕖万斛香"的游览胜地[二]。

7. 花港观鱼（图11）

花港观鱼，前接苏堤，背倚西山。这里有四时开不败的奇葩异卉，有晶莹如玉、左右映带的清澈港汊，有唼喋嬉戏、泼剌水中的锦鳞赤鲤，吸引着如织的游人。它是著名的"西湖十景"之一。

可是，历史上"花港观鱼"却并非以花得名。据志书上说，以前，在西山大麦岭后的花家山麓，有一条清澈的小溪流经此处注入西湖，因名"花港"。至于"花港观鱼"的名目，则源于宋朝。宋时，有个内侍官名卢允升，在这花家山下建造了一座花园别墅，名曰"卢园"。园内栽花养鱼，风光如画，游人云集，雅士题诗，极一时之盛。南宋宁宗时（1195～1224年）宫廷画院画师马远等创立"西湖十景"名目，把卢园列为十景之一，题名"花港观鱼"。从此这偏处西湖一隅的私人花园蜚声遐迩。后来清代康熙皇帝手书"花港观鱼"四字，在池畔勒石镌碑；乾隆皇帝又在这里对景吟诗，"花港观鱼"更成为西湖著名的游览胜地了[三]。

[一]浙江人民出版社编：《西湖揽胜》，浙江人民出版社，1979年，第123～124页。

[二]浙江人民出版社编：《西湖揽胜》，浙江人民出版社，1979年，第78页。

[三]浙江人民出版社编：《西湖揽胜》，浙江人民出版社，1979年，第99～100页。

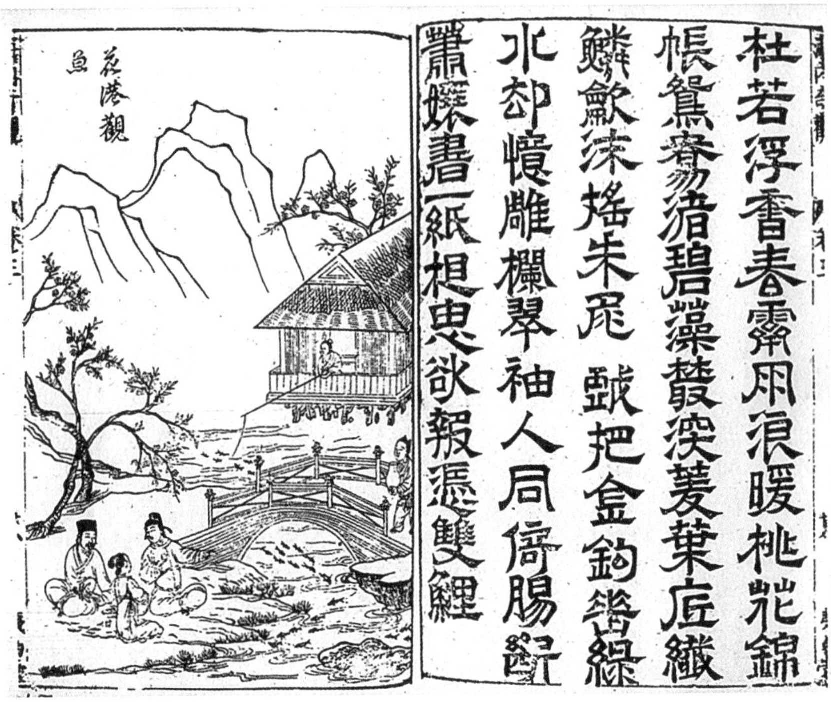

图11　花港观鱼（《新镌海内奇观》夷白堂刻本，1609年。刘昕主编：《中国古版画·地理卷·胜景图》，第39页）

8.柳浪闻莺（图12）

"柳浪闻莺"是"西湖十景"之一。出涌金门，沿着湖岸漫步，一眼望去，尽是密密的垂柳，仿佛为这座秀美的公园张挂起一道绿色的帐幔。"晴波淡淡树冥冥，乱掷金梭万缕青"。每当烟花三月，看万树柳丝迎风摇曳，那光景宛若翠浪翻空；在那望不尽的浓荫深处，时而传来呖呖莺啼，清脆悦耳："柳浪闻莺"即由此得名。

"柳浪闻莺"原为宋朝的聚景园。南宋高宗、孝宗两朝，君臣耽乐湖山，曾在西湖四周建造了许多著名的御花园，其中以聚景园最为宏丽。据志书载，当时聚景园中，建有会芳、瀛春等殿堂楼阁以及瑶津、寒碧等亭台轩榭。这里泉池澄碧，垂柳成荫，流水小桥，风光如画。然而时间的浪涛，冲击着历史的陈迹，"柳浪闻莺"虽然仍见依依杨柳，但当年规模宏丽、气象万千的皇家花园——聚景园，早已变成荒丘瓦砾，不复辨认了。

过去，在"柳浪闻莺"有仙姥墩和钱王祠等古迹。仙姥墩原是一个高约数丈的土墩，相传为仙姥卖酒处。据《神仙传》记载：仙姥原是余杭一农妇，嫁与西子湖畔的一户农家。她善采百花酿酒。王方平曾以千钱与农妇沽酒，饮后觉得酒味甘美无比。从此群仙常来聚饮，并曾授药一丸，以偿酒价。农妇吞服这颗药丸以后，居然化为神仙，飞升而去了。过了十余年，有人经过洞庭湖边，复见这农妇在洞庭湖边卖百花酒。于是众人就呼她为仙姥。宋代王安石曾有诗咏其事云："绿漪堂前湖水绿，归来正复有荷花。花前若见余杭姥，为道仙人忆酒家。"

钱王祠是祀五代吴越国王钱镠（852～932年）的祠宇。钱镠是临安人，原以贩盐为业，因有军功，升为节度使，后又依靠武力，扩展地盘，建立吴越国，以杭州为都城，号为吴越王，雄踞一方。钱镠虽然镇压过黄巢起义，但他治理杭州颇著功绩。他曾大兴水利，组织民工疏浚西湖，又曾修筑钱江海塘，防止潮患。因为他为人民做过一些好事，所以后人建祠纪念他。

钱王祠内，宋时有苏东坡书写的表忠观石碑四块，故钱王祠又称"表忠观"。后因碑文字迹漫漶，被废弃。现在的表忠观石碑，是明代嘉靖年间杭州知府陈柯重新摹刻的[一]。

[一]浙江人民出版社编:《西湖揽胜》，浙江人民出版社，1979年，第19～20页。

107

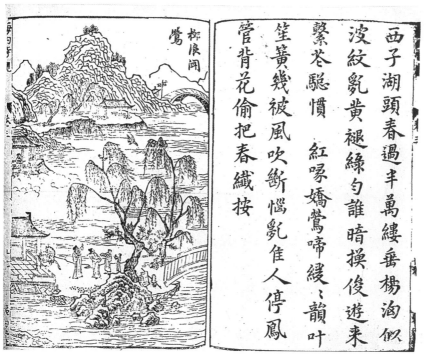

图12　柳浪闻莺（《新镌海内奇观》夷白堂刻本，1609年。刘昕主编：《中国古版画·地理卷·胜景图》，第40页）

肆·建筑美学

9.三潭印月（图13）

"三潭印月"是西湖三岛之一（另两岛为湖心亭、阮公墩），占地105亩（其中水面约占60%），素有"小瀛洲"之称。瀛洲是古仙岛名，可见历来人们是将这里比作"蓬莱仙境"的。

"三潭印月"的三个石塔始建于宋元祐四年（1089年）。那时诗人苏东坡任杭州知州，组织力量疏浚西湖，在湖水最深处建立三塔作为标志，规定三塔以内不准种菱植藕，防止西湖淤塞。元代三塔被毁。明代万历初重建（位置不在原处），这才出现了"天上月一轮，湖中影成三"的奇丽景色。万历三十五年（1067年），这里用疏浚的湖泥堆积成绿洲，后来又在绿洲上自南至北建造了一座九转三回、三十个弯的九曲桥，自东至西修筑了一条竹荫夹道的绿堤，构成了"湖中有岛、岛中有湖"的园林布局。这里湖岸叠石参差，池中莲荷高下，水面亭楼倒影，湖边垂柳拂波，处处有景，风光旖旎。"三潭印月"有一种含蓄的美，全岛景物，不是一下子都拥到你的眼前，使你一览无遗，而是引你渐入佳境。

"三潭印月"古来就是赏月的胜地。三个石塔，亭亭玉立在波光潋滟的湖面上。石塔高2米，塔基系扁圆石座，塔身球形，排列五个小圆孔，饰着浮雕图案，塔顶呈葫芦形，造型优美。每逢月夜，特别是中秋佳节，在塔里点上灯烛，洞口蒙上薄纸，灯光从中透出，宛如一个个小月亮，倒影湖中。待到皓月中天，月光、灯光、湖光交相辉映，月影、塔影、云影融成一片，"一湖金水欲溶秋"，有说不尽的诗情画意[一]。

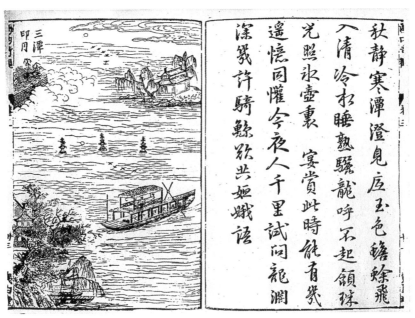

图13　三潭印月（《新镌海内奇观》夷白堂刻本，1609年。刘昕主编：《中国古版画·地理卷·胜景图》，第44页）

10. 两峰插云（图14）

从洪春桥透过九里松林，远望巍然耸立的南高峰和北高峰，可以见到"两峰插云"的奇异景色。每到春秋雨日，浓云浓得像远山，远山淡得像浮云，是山是云，不易辨认；而云雾缭绕的南、北高峰，却忽隐忽现插入云端，宛如一幅泼墨山水画卷。

"双峰插云"，宋、元时称为"两峰插云"，到清代康熙皇帝游杭州时改为"双峰插云"，过去人们在最适宜于观赏双峰景色的洪春桥畔造了一座碑亭，这就是"西湖十景"之一"双峰插云"[二]。

[一]浙江人民出版社编:《西湖揽胜》，浙江人民出版社，1979年，第23～25页。

[二]浙江人民出版社编:《西湖揽胜》，浙江人民出版社，1979年，第85页。

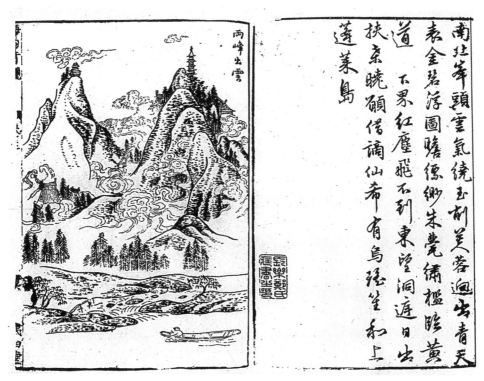

图14　两峰插云（《新镌海内奇观》夷白堂刻本，1609年。刘昕主编：《中国古版画·地理卷·胜景图》，第47页）

六　西湖十景的传统美学内涵

为了说明西湖十景的传统美学内涵的丰富，我们将燕京八景与之作一对比。

乾隆年间的燕京八景为：琼岛春荫、居庸叠翠、太液秋风、西山晴雪、卢沟晓月、金台夕照、玉泉趵突、蓟门烟树。这八景有空间美，包括了燕京四境的美景；有时间美，包括了春、夏、秋、冬四季和朝、夕的景致；有自然美（晓月、夕照等），又有人工美（卢沟桥、金台等）；有色彩美、形态美、风韵美等等。

南宋西湖十景为：苏堤春晓、平湖秋月、曲院荷风、断桥残雪、雷峰夕照、南屏晚钟、花港观鱼、柳浪闻莺、三潭印月、两峰插云。这十景的景目两两相对：苏堤春晓对平湖秋月，曲院荷风对断桥残雪，雷峰夕照对南屏晚钟，花港观鱼对柳浪闻莺，三潭印月对双峰插云，富于韵律感；还有空间美（八方美景）、时间美（春、夏、秋、冬四季和朝、夕景致）、自然美（秋月、残雪、荷风、夕照等）和人工美（苏堤、断桥等）、静态美（平湖、秋月）等和动态美（荷风、观鱼）和声音美（晚钟、闻莺）、动物美（鱼、莺）和植物美（花、柳、荷）等等 [一]。

从以上分析可知，西湖十景比燕京八景有更丰富的美学内涵。除了画家和诗人的天赋之外，最重要的是杭州西湖景致的确迷人，如同西子，美貌无匹，这是杭州赢得"人间天堂"美誉的重要原因。西湖十景成为园林造景的典范之作，圆明园中就有仿西湖十景之作 [二]。

七 西湖十景对中国乃至世界的深刻影响

日本学者内山精也写出论文"宋代八景现象考"，文中指出，受中国八景现象的影响，日本室町时代（1336～1573年）以后，各地也都选出八景。在室町——江户时代初期所选定的日本八景有：近江八景、金泽八景、博多八景、南都八景、松岛八景等。朝鲜在高丽朝后也与日本一样，有代表性的八景有：平壤八景、扶科八景、丹阳八景、关东八景等（其形成时间未详）。

内山精也指出，为宋代八景现象的结局增添光彩的，是杭州的西湖十景。认为西湖十景是日本近世八景现象的原型。"西湖十景"就其对外效果来说，具有其他八景所不具备的强有力的几个有利条件。

首先在于杭州是首都。虽然说是行在所，杭州却是皇帝坐镇的、南宋政治、经济、文化的中心。皇帝、宰相以下，文武百官常住这里。外放的士大夫也从这个地方出发，最后再回到此地。而且它还是各行各业的人们从全国各地前来汇集的一大枢纽。在情报还专门靠人传递的当时，这一事实具有很重大的意义。这些人对亲眼看见的"西湖十景"的描绘，可能会被迅速传播至全国。

第二，西湖和"西湖十景"具备了极其便利的游览条件。西湖和杭州市街相邻接。造访杭州的人，即便目的不在于观光，只要人到杭州，自然可以接触到西湖山水。而且，如前所述，因为西湖的周长不到15千米，若有意于此，甚至可能在半天内绕湖一周。因此，不用花费很多的时间和劳力，就能够游览十景的各个景点。

第三，西湖山水具备集约性优美的特点。这点和第二点也有关系，西湖除去邻接市街的一面，三面环山。这样，山遮挡了视野，限定了视界。而这一闭锁性反而令湖水成为前景，山变成背景，使一个独立的山水构图浮现出来。

而且，因为西湖也正好是视界能容纳的大小，对来访的游览者来说，作为没有显著差别的映像，盘结在各自的心里。山水的配置，防止了游客对于景观注意力的扩散，起到了向某一种意象集约的效果。

第四，西湖被唐宋许多诗人歌颂过，具有极为有利的文学传统。而且，作为唐宋诗人代表的白居易和苏轼，各自都作为地方官在这里羁留过，并留下了许多名作。他们留存的遗迹作为西湖的景点装饰着山水。"西湖十景"的主脉里有着文学性传统的律动，几乎可与"潇湘八景"相匹敌。而且，这些唐宋诗人所开发的西湖意象里，没有潇湘文学所具有的"不遇"、"悲伤"、"旅愁"等阴郁的一面。澄澈明亮，并且纯粹是作为游心的空间。它被意象化这一点可能也是重要的吧。

综上所述，"西湖十景"具备了其他地方很难得到的种种固有的有利条件。处于宋代八景现象终点位置的"西湖十景"，一面充分吸收这样良好的条件，一面对外宣传这种具象性的意象，这一事实具有极大的意义。"西湖十景"的诗画，本来并非阻碍"卧游"之物，却拥有了引诱鉴赏者感发与"卧游"正好相反的兴趣的效力。也就是水，通过与诗画接触，引发了人们想要亲眼观赏实景的兴趣。潇湘八景的世界是虚构的世界，因而适宜于在想象的世界里畅然"卧游"。而"西湖十景"却是确实的存在，只要条件具备，任何人可以享受那里的美好风光。因此这里便具有了产生旅游文化的线索。

而当时接触到这些景观的日本文化人，亦一概率直地表现出对同时代西湖的憧憬。面对眼前所见的日本八景，令他们有所联想的并不是潇湘，而是西湖。

在日本的中世纪（12～16世纪），中国文化最为重要的享受者是禅宗的僧侣门。元至清代，从中国来访的禅僧很多，他们当中的许多人是在杭州一带的禅寺长年修行的僧侣。同时，从日本渡往中国的僧侣也很多，他们的目的地是西湖畔的禅寺，或者杭州郊外的径山寺。为此，经由他们宣传的西湖山水之美，是在日本流行八景的重要契机。

"西湖十景"不仅单独成为中国国内近世八景现象的范式，而且作为来自外国的一种文化珍果，也让东瀛的知识人着了迷，因而在那里也出现了八景现象[三]。

[一] 吴庆洲：《中国景观集称文化研究》，保国寺古建筑博物馆编《东方建筑遗产·2011年卷》，文物出版社，2011年，第71～72页。

[二] 贾珺：《举头见额忆西湖，此时谁不道钱塘——略论圆明园中的仿西湖十景》，《建筑史（第18辑）》，机械工业出版社，2003年，73～83页。

[三] [日]内山精也著，陈广宏、益西拉姆译：《宋代八景现象考》，王水照、何寄澎、李伟国编：《新宋学（第二辑）》，上海辞书出版社，2003年，第389～408页。

111

经提升的西湖景观反映了从印度传入中国的佛教思想，如"佛之平和"和"自然如画"，进而也极大地影响了东亚地区的景观设计。其堤、岛、桥、寺、塔和风格鲜明的景色在中国各地和日本被广为效仿，尤其是北京的颐和园。西湖十景的设计在整个中国流传了7个世纪，并在16世纪朝鲜文人造访西湖后传到朝鲜半岛[一]。

八　杭州西湖文化景观的兴废给我们的启示

为何"杭州西湖文化景观"具有如此强大的生命力和无穷的魅力，以至对中国乃至世界产生如此久远的影响，最终列入《世界遗产名录》？其历史上的兴废对我们有什么启示？

我觉得有如下五方面的启示。

1. "杭州西湖文化景观"兴于文化盛世之宋，是文化景观的巅峰之作

陈寅恪先生指出：

华夏民族之文化，历数千载之演进，造极于赵宋之世。后渐衰微，终必复振。譬诸冬季之树木，虽已凋落，而本根未死，阳春气暖，萌芽日长，乃至盛夏，枝叶扶疏，亭亭如车盖，又可庇荫百十人矣。由是言之，宋代之史事乃今日所亟应致力者[二]。

读了陈寅恪先生这段话，心中豁然开朗。杭州西湖文化景观正是萌芽于唐，孕育于北宋，至南宋问世，杭州西湖文化景观是文化景观的巅峰之作。其影响遍及中国乃至东亚。宋代乃有"天上天堂，地下苏杭"之谚[三]。

2. 杭州西湖文化景观因白居易、苏轼等文化名人而兴

白居易对西湖建设立下了巨功。唐穆宗长庆二年（822年），白居易任杭州刺史，进行西湖的水利建设。乾隆《浙江通志》记载：

居易为杭州刺史，始筑堤捍钱塘湖，钟泻其水，溉田千顷[四]。

白居易筑白堤以蓄湖水，又建石函以备水暴涨泻水"防堤溃也"[五]。

据钟毓龙先生考证，白居易为杭州刺史，由石函桥筑堤，迤北至余杭门，外以隔江水，内以障湖水（按余杭门，即今之武林门，宋时始有之）。在唐时，并未有城，武林门一带为泛洋湖与西湖相通之地。故白居易筑堤以隔之。此所谓白堤也[六]。

苏轼是"杭州西湖文化景观"中的一个关键人物，他在西湖面临湮灭之虞时给朝廷上《杭州乞度牒开西湖状》的奏议，把西湖比作人的眼睛，认为西湖有五条理由不可废。苏轼的奏议句句在理，得到朝廷采纳。于是苏轼组织二十万民工疏浚西湖，利用湖泥葑草，筑成长堤（即苏堤），在堤上建六座石拱桥。又在湖水最深处建三座石塔作为标志，其内不准种菱植藕，防止西湖淤塞。苏轼这一创举成就了西湖十景中的"苏堤春晓"和"三潭印月"两景。

苏轼不仅为营造"杭州西湖文化景观"立下奇功，他也为颍州西湖、惠州西湖、许州西湖、雷州西湖的景观建设留下佳话，故有"西湖长"之美称。

3. 杭州西湖文化景观因杭州是南宋王朝

的都城而兴

"杭州西湖文化景观"之所以具有无穷的魅力，也因为杭州是南宋王朝的都城，是南宋政治、经济和文化的中心，是当时世界最繁荣的城市。

柳永写的《望海潮》描写宋代的杭州：

东南形胜，三吴都会，钱塘自古繁华。烟柳画桥，风帘翠幕，参差十万人家。云树绕堤沙。怒涛卷霜雪，天堑无涯。市列珠玑，户盈罗绮，竞豪奢。

重胡叠巘清嘉。有三秋桂子，十里荷花。羌管弄晴，菱歌泛夜，嬉嬉钓叟莲娃。千骑拥高牙。乘醉听箫鼓，吟赏烟霞。异日图将好景，归去凤池夸[七]。

柳永此词，把杭州的秀丽风光，繁华气象，写得生动传神，引人入胜。相传金主完颜亮读此词后垂涎于如此大好山河，遂"起投鞭渡江之志。"

杭州西湖文化景观乃杭州西湖由唐、五代至宋的历史文化积淀而成，尤其是南宋朝廷自帝王至大臣，文人学士们的集体营造而成。

4. 杭州西湖文化景观之兴废，是该时代的文明是发展或是倒退的试金石

邓广铭先生指出：

就因为宋王朝没有实施文化专制，所以在两宋统治的三百多年里，能收到精神文明和物质文明的长足发展。这种发展势头，在遇到文化落后的蒙古贵族的统治，自然就不可避免地要受到挫折[八]。

"杭州西湖文化景观"，形成于两宋，具有无穷的魅力，影响中国和东亚。而到元代，西湖废为民田，文化景观丧失。可见，"杭州西湖文化景观"之兴与废，是该时代文明发展或倒退之试金石。

5. 历代的仁人志士保护和建设、管理是"杭州西湖文化景观"得以发扬光大的关键

元代一度废而不治，听民侵占，全湖尽为桑田。明初仍元之旧。明宪宗成化十年（1474年）郡守胡浚，稍稍辟治外湖。成化十七年（1481年），进一步清理占湖者。明武宗正德十三年（1518年），郡守杨孟瑛锐意恢复，力排众议，上书言西湖当开者五：以风水言，西湖塞，则杭州形势破坏，生殖将不蕃；以守备言，西湖塞，则城之西部，无险可守；以人民之卤饮为言；以运河之枯竭，妨害交通为言；以田亩之缺乏灌溉为言。朝议

[一] 郭桂香:《最美是西湖——写在杭州西湖文化景观成功申遗之际》,《中国文物报》2011年6月29日, 第8版。

[二] 陈寅恪为邓广铭《〈宋史·职官志〉考证》写的序言;邓广铭:《论宋学的博大精深——北宋篇》,王水照、何寄澎、李伟国主编:《新宋学（第二辑）》,上海辞书出版社, 2003年, 第1～7页。

[三] [南宋] 范成大撰:《吴郡志》卷50《杂志》。

[四]《乾隆浙江通志》卷52《水利》。

[五] [唐] 白居易:《钱塘湖石记》,《乾隆浙江通志》卷52《水利》。

[六] 钟毓龙:《说杭州》,浙江人民出版社, 1983年, 第116页。

[七] 唐圭章编:《全宋词（上）》,中州古籍出版社, 1996年, 第27页。

[八] 邓广铭:《论宋学的博大精深——北宋篇》,王水照、何寄澎、李伟国主编:《新宋学（第二辑）》,上海辞书出版社, 2003年, 第1～7页。

113

许之。于是毁田荡三千四百八十一亩，西抵北新路为界；增益苏堤高二丈，阔五丈三尺。西湖大部始复唐宋之旧。

明世宗嘉靖十二年（1533年）、十八年（1539年）、四十四年（1565年）皆有管理防止侵占西湖。神宗万历间（1573～1620年），太监孙隆修白沙堤，建风景名胜。

清康熙、乾隆帝多次来杭，西湖建设更好。雍正间（1723～1735年），总督李卫，浚湖三次。嘉庆时（1796～1820年），巡抚阮元，二次浚湖。同治时（1862～1874年），巡抚左宗棠、布政使蒋溢澧并加浚治。后又设浚湖局，由绅士管理，民国后，改由官办[一]。除西湖外，城壕、城河均有管理浚治，使杭州的城市水系完整而有各种功效。

杭州西湖历代的管理、兴废，说明人之管理不可废。有管理浚治，则湖兴，否则，

湖就废，成为民田。若此，杭州城就不成今日的杭州矣！

正是唐、五代、宋、明、清、民国、新中国历代仁人志士的持续保护、建设和管理，"杭州西湖文化景观"才能保存至今，并发扬光大，列入《世界文化遗产名录》。

九　小　结

杭州西湖能保留至今，实属不易。《永乐大典》上记载的西湖有三十六个，其中一些，已难寻踪迹，例如，颍州西湖就已湮灭。杭州西湖不仅保存至今，而且杭州西湖文化景观成为世界文化遗产。其历史经验可谓珍贵。面对现代许多城市"千城一面"，文化特色逐渐消失，杭州西湖以水营造城市文化特色的历史经验值得我们参考和借鉴。

[一] 钟毓龙：《说杭州》，浙江人民出版社，1983年，第116页。

114

【宁绍地区明代民居特征简述】

徐学敏·宁波市保国寺古建筑博物馆

摘　要：在我国具有特色的总建筑体系中，民居是建筑类型和建筑形式中的一大重要方面，但以往学习调查中国建筑遗产，着眼点多放在官殿、寺庙、陵墓等大型建筑上。本文通过研究明代宁波和绍兴两个历史文化名城的民居特点，揭示出当地居民为适应江南水乡的地形、气候，因地制宜进行选址和材料利用的特点，并普遍采用敞厅、天井、通廊和重楼等格局，构成开敞通透、内外有序的建筑布局。这些工艺技术都是无数建筑工匠们在建筑实践中所积累下来的经验，在今天仍然是我们应当继承的一份宝贵财富。

关键词：宁波　绍兴　明代民居　特点

115

民居是中国建筑历史上对民间居住建筑的习惯称呼，是相对"官式做法"而言的，与人民生活及生产有着极为密切的关系。不同的地理环境、气候条件和不同的生活习惯、建造技术等，使各地的民居建筑形成了各种独特的地方风格。对宁绍地区的明代民居进行特点分析，可以看出当时当地的人民的心愿、信仰和审美观念，因为他们会将自己的期许和盼望都在民居的平面布局、装饰纹样中呈现出来，同时居民也能反映出同时期其他科学技术的发展情况和所达到的水平。

一　宁绍地区明代民居遗存现状

在明代，地处浙江东部的宁绍地区，自古以来就是我国经济比较发达的地区，14个县分别由绍兴府（越州）和庆元府（明州）管辖。

明代宁绍地区的文化发达，尤其在明中叶，浙东宁绍地区蟾冠折桂者称雄海内，名士迭起的局面随之形成。首先表现在大批中高级官员登上政治舞台，此地高官分布之密，为同时期其他地区望尘莫及[一]。除南宋时期外，浙江科举人士的地域与分布总格局是东北多西南少，宁绍地区自明

[一] 沈登苗：《明清全国进士与人才的时空分布及其相互关系》，《中国文化研究》，1999年第4期。

代起，形成了连续300多年的科举人才金三角，留存至今的大型古建筑，仅慈城就达55万平方米[一]。

据《中国文物地图集》记载，宁波明代民居遗存约有45处，绍兴市约有32处[二]。宁波明代民居分布最为集中的是在江北区慈城镇，而绍兴的明代民居则集中在越城区。现各取典型做特点分析。

宁波市江北区慈城镇原为慈溪县城，自唐代以来，街巷民居便按照"井"字形规划布局，从历史发展遗迹看，直到明清时期，这里还是相当繁荣的。宁波地区典型明代民居以明代的钱宅、冯宅、姚宅、莫骐马府、大耐堂等为例（表1）。

绍兴市的明代民居遗存主要分布在越城区和绍兴县，其中越城区最为集中，共有10处明代民居遗存。越城区历史悠久，公元前490年越王勾践迁都建城于此，是绍兴市政治、文化、商贸中心。现以区内吕府、莫宅、何宅、邱宅及谢宅等几座反映明代时期地方特色的典型民居为代表作一分析说明（表2）。

二 宁绍地区明代民居自然环境

位于宁绍地区东西部的宁波和绍兴有着相似的地理环境和气候条件，直接影响到民居基址的选择、位置朝向和材料利用等。

1. 基址选择

宁波位于浙江省最东部，宁绍平原东端。其西部和西北是四明山脉，西南和南面是天台山脉，北部及东部是杭州湾和东海，

中间为河网平原。由发源于山区的奉化江和余姚江，汇合为甬江，最后流入大海。对外的陆路交通不便，但内部河网发达，利用河道和水运接上浙东运河，可直达杭州，北面的大海既是天险也是出口。历史上宁波就曾利用海运进行对外贸易，通过浙东运河深入内陆[三]。

绍兴位于宁绍平原西部，会稽山北麓。越城区境也是地处平原水网地带，平水江、漓渚江、南池江、坡塘江自南而北，流经区内；浙东运河，以东西向分别贯穿区境南北部。境内河道纵横，水网密布。自宋代起绍兴水上运输就十分兴旺，堰通江河，津通漕输，航段舶闽，浮鄞达吴。

宁波、绍兴同为江南水乡，两地的水资源都很丰富，两地明代民居从选址到具体设计都与水道密切结合。小河从门前屋后轻轻流过，取水非常方便，直接可用来饮用、洗涤、防火。水路又是运输的主动脉，人们走南闯北，更赖此漂洋过海去开创新的天地。而与杭州、嘉兴、吴兴一带常做成骑楼式的河街不同，宁波、绍兴一带临河民居则多为直接濒水建筑。

绍兴的临水民居几乎不受法式则律的束缚和制约，大多为下层民众所居住，因为占地面积小，临水民居经常有"借天不借地"的现象，向外悬挑以争取空间。小巧的乌篷船在河道里穿越，造就了绍兴水乡特有的风貌。绍兴的深宅大院多远离街道，因为这些民居的"布局特征就牢牢地记载着姓氏大家庭的生活烙印。这种深宅大院，聚族而居，纵横对称，平面规正，体现了封建伦理制度

的本质"[四]。

宁波慈城与绍兴城四周水网畅通环境不同，它三面环山，面向平原，县城规模也不如绍兴大，城外由于护城河包围，城内只有满足民居水用交通的小河道，故而慈城典型的明代民居，都有面向大道（街路）背贴水系的特点，且独自组成院落的比较多，有的甚至在一个区域内若干个院落组成群体。

2.位置朝向

因所处纬度及特定气候条件所致，浙江风向春夏季多东南风，秋冬季多西北风。朝南或东南可以在冬季接受良好日照的同时抵挡北来寒风，在夏季可以避免日光直接射入室内并接受夏季凉风。宁绍两地的明代民居一般均坐北朝南，但也有个例为坐南朝北，如绍兴的莫宅，推断应受地理位置所限，而慈城的明代民居朝向都是坐北朝南。

3.材料利用

宁波、绍兴同在江南水乡，气候温暖而湿润，且生长着茂密的森林，木材和黄土就组建成为两地明代民居所采用的主要材料。由于靠山面水，烧柴及沿山建窑方便，砖瓦材料多在山区就近生产，而城市用砖则靠附近砖窑供给。所以宁波、绍兴等沿海地区不用夯土墙，而用砖墙。据记载，当时宁波用砖往往由奉化供给，绍兴、杭州等地用砖由萧山供给。

除了核心的木结构部分，大多用砖石做外墙，石板做地面，以起到防潮的作用，分隔墙则以芦苇或竹材做泥壁的骨架，外围砌较薄的空斗墙或编竹抹灰墙，装修时桐油和漆用得比较普遍。

岁月变迁，从明代遗留到现在的民居一般都是用材质量高、不易倒塌的大住宅。它们所用的木料都是比较粗壮硕大，尤其是前厅等主体建筑用材都特别讲究，体现了"以客为尊"的儒家思想；生活区的后楼、厢房等的用材，没有像主体建筑所用的那般粗大；装饰从总体上看，注重于厅、堂、轩、门楼的雕刻装饰，而后楼、厢房则以素面为主。

三 宁绍地区明代民居风貌格局

1.整体风貌

明代，江南已成为全国经济、文化最发达的地区。达官显贵、地主富商、文人雅士纷纷选择此地建宅。由于人口众多，江南的建筑都极节省占

[一] 丁俊清、杨新平：《浙江民居》，中国建筑工业出版社，2009年12月。

[二] 国家文物局：《中国文物地图集·浙江省分册》，文物出版社，2009年。

[三] 蔡丽：《民居原型与宗族结构——宁波民居的原型分析》，《长江大学学报（社会科学版）》，2011年第3期。

[四] 唐葆亨：《江南水乡：绍兴民居》，《建筑学报》，1992年第9期。

117

表1 宁波江北区慈城明代民居简表

名称	建造年代	保存的主要建筑	说明
甲第世家（钱照宅），慈城金家井1号	明嘉靖年间（1522～1566年）	主体建筑前后尚保存二进院落，占地面积1863平方米，建筑面积1360平方米。	平面布局呈纵长方形。依次由台门、二门、前厅、后厅及左右两侧厢房组成。特征：檐柱方柱、方础。当心间、次间前后施一斗三升，斗栱四攒。
福字门头，慈城金家井巷7号	明嘉靖年间（1522～1566年）	主体建筑尚存前后二进院落。占地面积1270平方米，建筑面积900平方米。	平面布局呈纵长方形。依次为大门、二门（毁）、照壁、二进院门、前厅、中厅、两侧厢房、后楼组成。
布政房（冯叔吉故居），慈城金家井8～10号	明万历年间（1573～1619年）	现存建筑占地面积5000平方米，建筑面积2800平方米。	历史建筑规模大，平面布局为纵长方形。现存大厅、祠堂和厢房。
冯岳彩绘台门，慈城完节坊里2号	明代晚期	现仅存彩绘台门，占地面积120平方米。总体占地面积780平方米，由台门、倒座、照壁、二门、正房和厢房组成。	台门有彩绘和雕刻保存较好，为浙东明代彩绘雕刻保留较好的一处杰作。当心间一斗三升栱四攒，次间为两攒。
姚镆(1465～1538年)府第，慈城民族路18号	明代	保存厅堂、后楼，占地面积379.9平方米。	前为"植木堂"，用材硕大，明间抬梁式。后楼为书房，重檐五间，通面宽15米，进深11米。用材粗大，楼后加副阶。
桂花厅（刘姓大族住宅），民族路25号	明代	现存中堂、后楼、左右厢房，后有一池、一井。建筑面积为766平方米。	坐北朝南，原布局为倒座、前厅、中堂、后楼、左右厢房。中堂面阔三间，硬山顶，前檐方柱抹角。颛形柱础，上段较高，余皆为鼓形柱础，最大腹部位于腹部。
莫驸马府，慈城莫家巷25号	明代晚期	现仅存门厅，占地面积317平方米。	门厅为五间，通面宽20.6米，进深12.4米，十一檩，中柱上置十字斗栱，余用平盘斗方柱、方础，小抹角柱头卷杀。
大耐堂，慈城三民路34号	明代早期	现仅存大耐堂，占地面积368平方米。	堂三开间，通面宽13.87米，通进深11米。雕花驼峰、雀替，透雕花纹，梁头云纹明快。柱头卷杀。前廊为船篷轩，柱头施十字科。当心间施一斗三升栱四攒，次间为两攒。

表2 绍兴越城区明代民居简表

名称	建造年代	保存的主要建筑	说明
吕府（明礼部尚书吕本府第），北海街道新河弄169号	明代	占地面积2万平方米左右。坐北朝南，共13厅。三条纵轴线对称布置，中轴线上依次为轿厅、永恩堂、三厅、四厅和座楼。宅内设纵横"马弄"和"水弄"，分为六组院落，外围三面环河，设埠头。	主厅永恩堂七开间，通面宽36.50米，通进深17米，明间七架抬梁，硬山造。为民居建筑之代表。
莫宅（莫家台门），府山街道石门槛11号	明代	现存建筑共四进，坐南朝北。前三进单檐硬山顶。第四进重檐硬山顶楼房。	第一进三开间，前廊作船篷轩，明间开门，两旁砌墙开窗。二、三进面宽五间，明间五架抬梁，余穿斗结构。梁柱间用雀替和丁头栱，柱头卷杀。
何宅（何家台门），府山街道府山直街27号	明代	坐北朝南，原为五进，现仅存正厅。	正厅面宽五间，通面宽21.3米，通进深17.35米。单檐硬山顶，五架抬梁结构。前施双轩廊，柱子侧脚，柱头卷杀，蜀柱矮胖，脊瓜柱上施"品"字形斗栱，各间檩下置一斗三升隔架科二攒。明次间梁枋、轩廊满绘旋子。柱础为鼓形和䚦形。
邱宅，府山街道前观巷14号	明代	现存共四进，规格艺术一致	建筑以第二进为例，面宽五间，进深九檩。明间五架台梁，梁背置枕墩，蜀柱矮胖，下部作鹰嘴状。脊檩下用一斗三升隔架科，明间四攒，次间两攒。外檐方柱、方础。
谢宅，塔山街道延安路9号	明代	现存共四进，均为五间，东侧辟花厅（花厅五架）台梁，卷棚轩雕人物、山水和亭石楼阁。	建筑以第二进为例，明间用五架梁，前船篷轩。脊檩下置一斗三升隔架科两攒，第三进用六柱穿斗式，前双步后船篷轩。梁架施彩绘。四进为楼厅，穿斗式结构。
北海桥民居（高家台门），位于城区西面北海桥商街，据称，其先祖为宋太尉高琼。	明代	建筑现存大厅、后楼、东西厢房。	大厅通面阔21.45米，分作五间，通进深11.19米，明间五架抬梁，两尽间东西缝月梁状穿斗结构，方砖墁地，顶为阴阳台瓦，硬山造。后楼五开间，二层楼房，通面阔20.96米，通进深14.27米，穿斗式直梁做法。鹰嘴状瓜柱，前后置廊披，东西厢屋各为三开间，通面宽7.3米，通进深4.4米。

119

地面积，而在层高上下工夫，整体风貌也显得精巧有余，气派不足。

两地的民居不论是豪门深宅还是农家小院，民居装饰以雕刻为主，祈福装饰往往选择梅、兰、竹、菊和以掌故、传说、神话为题材的雕饰。为防止发生火灾时火势蔓延，墙上均高耸因形似马头而得名的马头墙以隔断火源。

小青瓦、白粉墙，乌黑或深赭色廊柱，加上房屋之间的流水荡漾，如同一幅水墨画，形成了宁绍地区民居的建筑风貌特征，与水镇的环境相得益彰。

2. 平面格局

从目前所遗存的明代民居看，绍兴地区平面格局都是呈长方格局，少则二进，多的达五六进，一般住宅可有二到三条平行的轴线，如吕宅就有三条纵轴线（南北向），东西向尚有"马弄"与"水弄"之分。

宁波慈城建筑则多为二进至四进，也是呈长方形的格局。每个四合院的建筑围成的小院子通称"天井"，可以集中解决每进屋宇通风、采光、排水等问题。又因屋顶内侧坡的雨水从四面流入天井，所以这种住宅布局俗称"四水归堂"。

这类大宅院的特点都是内部讲究，外观森严封闭，在布局上突出强调对称，庭院前后连串，通过前院到达后院，主次、内外区分得很清楚，反映着封建社会的"长幼有序、内外有别"的宗法思想。

在绍兴、慈城所有宅院中有一个共同点，即院落的每一进建筑都是硬山造屋顶，单檐人字坡屋面，唯独后一进均为重楼建筑。在一个院落中，台门大都设在正中，也有的设二个台

门，即头门朝南，进入后有照壁，向西置二门，这才进入院内。慈城钱宅就是一处典型的实例，厅堂是家族血脉承续的中心场所，在平面上处于的核心地位，宅院的中心轴线从台门起沿厅堂的中线绵绵延伸，厅堂两侧则为厢房，是主人及家庭成员生活居住的场所，由于后进主楼为重楼且前后门贯通，便于在气候炎热潮湿的南方通风换气。

四　宁绍地区明代民居建筑工艺及技术

建筑的工艺技术包括了大木作和小木作等。大木作是指木构架建筑的承重部分，民居的梁架、斗栱、柱等都属于大木作，是木建筑比例尺度和形体外观的重要决定因素。小木作是指中国古代建筑中非承重木构件的制作和安装。明代民居中归入小木作制作的构件有门、窗、隔断、栏杆、外檐装饰及防护构件、地板、天花（顶棚）、楼梯、龛橱、篱墙、井亭等。

1. 开间设置

民居建筑的面宽和进深是依住户身份、经济和人口状况而定。绍兴明代民居的开间的设置在三开间至七开间不等，深有二至七进之别。如莫宅为三开间，何宅为七开间。慈城明代民居建筑与绍兴开间基本相同，但在三至五开间的布局中有的还加二弄，成为事实上的七开间，这类备弄面宽特别窄，而进深与其他开间一致。

2. 梁架与进深

凡是设厅堂的大户人家明间梁架均采用抬梁式，而次、梢间则采用穿斗式，这一点

绍兴与慈城是一致的。进深与梁架的设置是有直接关联的，绍兴的吕宅明间梁架用七架梁，莫宅、邱宅、谢宅明间都用五架梁。慈城民居亦与之相同。另外慈城与绍兴都有前后廊，这样便使得进深加大，使用更为宽畅。

3. 柱式与柱础

柱础的配置，是根据柱式而制作的，目前在绍兴与慈城两地所用的柱子，情况基本相同，共有两种，即为圆柱和方柱，柱头都有收分，有的还有侧脚（何宅）。这两类柱式从目前保存的遗存看，方柱仅仅用于檐柱（包括前后檐柱），上有收分且都配置方础，如绍兴邱宅、慈城的钱宅（甲弟世家）等。除檐柱外，其余柱式皆为圆形，柱头也有收分，大多配置扁圆形或鼓形石柱础，个别还有帽式石础等。

4. 斗栱配置

在所有明代民居中，斗栱的使用有两种情况：一为承重，二为装饰。在明代前期建筑中，使用一斗三升等规制的斗栱，大多施予中、前、后的檩枋之间，以承重为主。从目前保存的绍兴与慈城建筑看，各间脊檩下都采用二至四攒斗栱。明间四攒，次梢间二攒，在梁柱间使用雀替和丁头栱。

另一种属于装饰性的斗栱，俗称"枫栱"，慈城冯（冯岳）宅的台门上除了实用斗栱、丁头栱配置外，还使用与承重没有关系的枫栱，这类栱雕刻纹样，纯属装饰性的。

枫栱始于唐代，沿用至宋元，原均无雕饰，唐制规定：非常参官不得造轴心舍及施悬鱼、龙凤、瓦兽、通脊、乳梁装饰，至明制：公侯梁栋斗栱，桅檐用彩色绘饰。能用枫拱装饰显示了当时冯氏为名门望族的地位。

5. 照壁与台门

照壁是与大门配套的建筑，其主要作用在于遮挡大门内外杂乱呆板的景物。叠砌考究、雕饰精美的墙面和嵌刻在上面的吉辞颂语，不仅具有装饰性，更是主人身份和心志的标志。

在绍兴有单独的照壁，也有依附于山墙或围墙上的。砖砌的门楼，雕花的墙饰，承载着历史积淀和文化内涵，也凝聚了人们的情感关注和想象空间[一]。

慈城的甲第世家的照壁是其中保存最为完整的。在宅前设置照壁，已经说明主人的身价与地位，照壁墙面嵌斜砌磨方砖，规律有序，周边有各种花果的纹样装饰，包括明代常见的勾连纹，底座用石作雕刻为基础，庄重朴实。

最具代表性的台门属慈城冯宅彩绘台门，台门前原置一对石狮子，惜

[一] 王军云：《中国民居与民俗》，中国华侨出版社，2007年。

121

已被损，结构为五开间硬山造，明间平身科有斗栱四朵，靠柱边各施半朵。柱头斗栱为十字科，雀替与枫栱等采用透雕手法，刀法精巧，配以彩绘梁枋，极具装饰性。

6.窗户遗存

两地的民居，尤其是平面布局采用纵深布置的临水民居侧墙都不开窗，这样便于与邻户靠近，内部的通风采光则依靠院内的天井来解决。临街一面的窗都设得比较高，以排除外界的视线干扰。

保存下来的民居大木作都比较完整，但小木作的门、窗，很多都有不同程度的修缮，幸存的标准器还是有的，如慈城的姚镇故居中的方格直棂窗，上部为方格扇，下部裙板，较好地保存了明代的风格。而桂花厅的次间中除了保存有风格简洁古朴的传统方格窗外，还有明代的荷叶窗墩，线条生动流畅。

民居中所使用的石制漏明窗也同样雕琢精巧，样式有栅栏漏明窗、四蝠漏明窗、福字漏明窗等，大多寓意吉祥如意，采用写实与抽象相结合的手法，用鹤、鹿、蝙蝠、喜鹊、梅、竹、百合、灵芝及连绵不绝的万字纹和回纹等图案来表现，呈现出丰富多彩的民族特色。

7.彩绘装饰

从保存的台彩绘说明除了梁、柱、枋外，在雀替、门楣、斗栱、栱板以及明间门框的板壁上都绘了彩绘。彩绘题材内容除了水草、朵云外，主要有丹凤朝阳、白鹤牡丹、麒麟、卷草、几何纹和旋子画等。所施色彩主要有白、红、黄、绿等彩。前几年色彩仍很鲜艳，反映了建筑实用与装饰的统一性[一]。

慈城的冯宅台门和绍兴的何宅，不但在民居明间梁枋上满绘彩绘，而且在廊轩上也有彩绘。另外谢宅的梁架上也有施彩绘。这说明在明代宁波、绍兴民居建筑中彩绘装饰是十分流行的，反映了这个时代的彩绘特征的主要题材为云龙、云气及龙凤等，说明当时社会对龙凤这一类吉祥物的崇拜。

五 结 语

管中窥豹，可见一斑，通过对宁波慈城镇与绍兴越城区的典型明代民居特点分析，我们可以从中看出同为宁绍地区的两座历史文化名城因地制宜的建筑文化特色。作为港口城市的宁波，文人富商多，城市建筑上富含了深厚的文化底蕴；而绍兴位于浙江古越文化圈的核心地带，作为一个历史悠久，一度成为南宋临时都城和明末鲁王监国之所，文化昌盛的城市，则更多地反映出礼仪规制等非凡讲究。对这些古代建筑的特点分析是研究各门历史科学的实物例证，是新建筑设计和新艺术创作的重要借鉴。

[一] 林浩.《宁波明代民居建筑鉴析》，保国寺古建筑博物馆编《东方建筑遗产·2009年卷》，文物出版社，2009年。

【浅析东北地区满族传统民居窗的艺术与构造特点】[一]

汤　煜　马福生·沈阳建筑大学建筑与规划学院

摘　要：本文以东北地区满族传统民居为考察对象，对其民居建筑中的窗的装饰成因、样式及装饰特点、艺术特征进行了探讨，并对窗的构造做法进行深入研究。通过对窗这一微观部分的研究，对满族传统民居进行剖析研究，并与苏州民居等典型的汉族民居中的窗进行比较，列举它们之间的差异，从这个角度来论证满汉文化的差异。

关键词：满族传统民居　窗　艺术特点　构造特点

[一] 本论文属国家自然科学基金"明代辽东都司与建州女真聚落互动演进研究"资助项目，项目编号：51378317。

在中国传统建筑围护体系中，窗是建筑重要的构成元素，也是建筑最为接近人的部分。因此窗往往成为建筑装饰中的重点部分而受到重视。

满族传统民居建筑由于受到地理环境及历史原因，在某种程度上来讲，与汉族传统民居相似。然而，由于满族的民族个性、习俗、宗教信仰等各方面与汉族有所差异，其建筑形式又有自己的特点而区别于汉族建筑。而传统满族民居中的窗，作为建筑中的比较重要构件，也呈现出与汉族传统民居中的窗比较相近的形态，而又不乏自己的民族特点。

本文以东北地区满族传统民居为例，对其中的窗从艺术特点和构造特点两方面进行探讨。

一　窗的艺术特点

东北地区传统满族民居中的窗户应该是受到当地的汉族民居影响，南面的前檐墙窗户开得很大。除了开设入户门的那一间外，窗户几乎能够占满其他开间，其面积能够占到正立面的一半以上（图1），仅仅留下1米左右高的窗下墙。这样做主要是因为北方冬季寒冷，夏季酷热。大窗子冬季可以更多地采光，增加

图1　岫岩傅宅

室内的温度和亮度，夏季可以更好地通风，使室内凉爽。窗与实墙（即虚实对比）、窗纸、木材与砖石（材质对比）对比非常强烈，使得建筑立面比较丰富；后檐墙开窗较少甚至不开窗。

占满整个开间的窗户，一般做成支摘窗（图2）。支摘窗是一种可以支起、摘下的窗子。窗子分内外两层，上下两排，内层窗子为主要部分，可以安装窗纱或糊窗户纸，上排的支窗可支起来便于通风，用木棍支撑或在棚上悬勾吊挂。下排的摘窗可摘下，通风更顺畅，使用方便。外层窗也叫做吊搭窗，可以支摘，一般在寒冷的冬天使用，到了温暖的季节就把它摘掉。另外在入户门两侧还设有两扇小窗，称为"马窗"（图3），宽度较小，不能支起，只能摘下来，是为堂屋增加光线而设的。

支摘窗中的下扇摘窗的窗棂装饰比较简单，为竖着的两格或三格；而上扇支窗的窗棂则做的比较丰富。由于受到汉族民居的影响，满族人喜欢将窗棂组成各种装饰图案。在早期的时候，有"一马三箭"（图4）。后来受到汉族人的影响，样式越来越多，盘肠、万字、喜字、方胜等各种形式，做工精巧（图5）。

在东北地区的传统满族民居中窗棂装饰大多是与汉族的很相似，基本元素雷同（图6）。但将两者细细比较，则可以分析出满族民居中的窗户有两个独特之处：一则是满族传统民居中的窗棂大多呈现几何形式的图案，并且大多式样简练，线条粗犷，且各种基本式样组合也比较简单，不似汉族崇尚繁琐装饰。尤其是南方如苏州传统民居中的窗花图案花式繁多，更是把自然形体和宗教故事等引入到窗的装饰中（图7）。二则是满族窗花在组合时式样没有一定的规律，随意性很强。只求好看，寓意吉祥就可以。汉族民居中的窗的图案则是讲究一定的规律性。例如图5-4窗棂中的辅助装饰应用了卧蚕、方胜及双笔筒多种装饰图案，而汉族传统民居中的窗棂图案的使用则比较严谨统一，如用卧蚕就统一用卧蚕装饰图案（图8），很少多种图案混用。

124

图2 支摘窗（选自《吉林民居》）

图3 马窗井字灯笼锦格心（岫岩傅宅） 图4 "一马三箭"样式（沈阳故宫清宁宫）

5-1 步步锦变形方盘肠窗棂（岫岩傅宅） 5-2 步步锦变形方盘肠窗棂（岫岩吴宅，作者自摄）

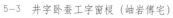 

5-3 井字卧蚕工字窗棂（岫岩傅宅） 5-4 步步锦卧蚕方胜曲盘肠窗棂（新宾肇宅）

图5 传统民居窗棂装饰样式

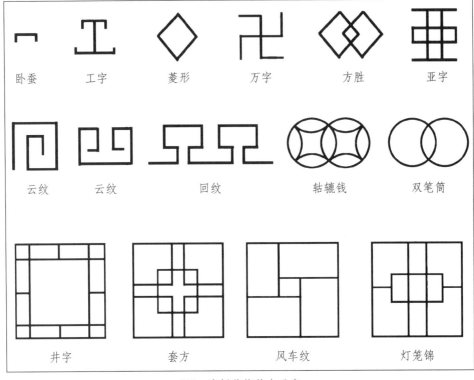

卧蚕　　　工字　　　菱形　　　万字　　　方胜　　　亚字

云纹　　　云纹　　　　回纹　　　　轱辘钱　　　双笔筒

井字　　　　　套方　　　　　风车纹　　　　灯笼锦

图6　窗棂装饰基本元素

图7　苏州民居窗棂装饰

图8　北京民居窗棂装饰

二 窗的构造特点

1.窗户纸

东北有一大怪，叫做"窗户纸糊在外"，指的就是满族传统民居中的窗户糊在外面。窗户一年四季都有"毛头纸"（又称"高丽纸"）糊在窗榥的外边。"毛头纸"是用麻绳头做原料，人工抄漂而成。纸稍厚，迎着阳光看有网状及麻丝，所以此纸坚固耐用。但糊上窗户后，室内光线暗淡。为了使窗户明亮，要用豆油、芝麻油、麻籽油涂在窗户纸上，叫做"油窗花"。做法是用棉花蘸油涂在窗户纸上。待油干后，窗户增强了亮度，窗户纸既坚固耐用，又可防止蚊蝇停落。

窗户纸糊在外面的主要原因是，冬天窗榥不存雪，不存"汽流水"，避免窗榥中积泥沙；保暖性强；也增大了窗户纸的受光面积——若窗户纸糊在内，则会有由于窗榥的遮挡而产生的阴影，而影响窗纸受光面积，更影响室内的光线效果（图9）。另外从屋里伸手推窗户时，窗户纸糊在外，就不易损坏窗户纸。不过有一些富户的住房出檐很大或有檐廊，就把窗户纸糊在里面，窗户也向外开。

2.窗木作构造

（1）窗与柱的连接。窗框与柱之间以榫卯连接（图10）。

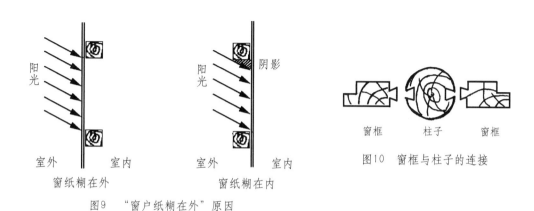

图9 "窗户纸糊在外"原因

图10 窗框与柱子的连接

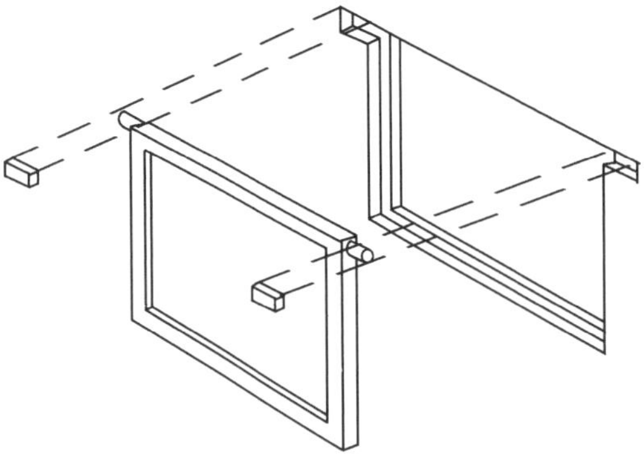

图11 支窗与窗框的连接

128

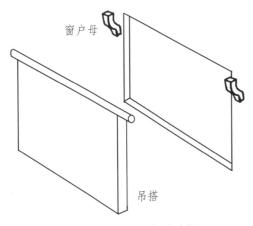

图12 窗户母（岫岩傅宅）

窗户母

吊搭

图13 吊搭窗与窗框的连接

（2）窗的内部连接。主要是窗框与窗扇的连接（图11）。

（3）吊搭窗与支摘窗之间的连接支摘窗外面的吊搭窗不是窗，它是用厚木板做成，和窗框一样大，有的还用铁皮包起来。白天摘下来，晚上挂上后，加栓锁起来。它主要起夜间的防护作用，也有遮盖屏障作用。在冬季晚上挂上吊搭可以防寒保暖，刮起大风时还可保护窗户和防进风沙。支摘窗与吊搭窗通过一个构件——窗户母（图12、13）进行连接。

参考文献：

[一] 张权寰：《吉林民居》，中国建筑工业出版社，1953 年。

[二] 荆其敏：《中国传统民居百题》，天津科学技术出版社，1990 年。

[三] 陈从周、潘洪萱、路秉：《中国民居》，学林出版社，1993 年。

[四] 白丽娟、王景福编著：《清代官式建筑构造》，北京工业大学出版社，1996 年。

[五] 丁世良、赵放主编：《中国地方志民俗资料汇编》，华北卷书目文献出版社，1983 年。

[六] 阎崇年主编：《满学研究（第三辑)》，民族出版社，1997 年。

[七] 王忠翰：《满族历史与文化》，中央民族大学出版社，1996 年。

「历史村镇」

伍

【福建省邵武市西南地区[一]传统民居中厅五柱式侧样之排列构成】

李久君·同济大学建筑与城市规划学院

摘　要：本文以进深77尺（按邵武老尺一尺长340毫米计算[二]，约合26180毫米）的传统民居为例，阐述五柱式侧样之折水、地盘与柱列分布、梁（栿）位与梁（栿）高、梁（栿）间材栔排列的构造规则，以揭示福建省邵武市西南地区传统民居侧样的排列构成规律及法则，为以后的修建设计提供借鉴。

关键词：侧样　折水　材栔　排列

传统民居、宅第、祠堂及家庙沿进深方向由前厅、天井、后厅三部分叠加而成（图1），面宽则由中正厅、旁副厅（或房），也称为明间、次间，称为"二进三间"。较大型的宅第常有前、中、后三进，面宽五间称为"三进五间"。在此基础上尚有再加一进一天井至四进、五进不等。一般来说，三进以上称为大型宅第，其特征为有一个居于前后进间的中厅并沿后金柱（即栋梁柱）设可启闭的隔扇门（称为"软墙门"，图2），并设两根齐门柱子，将进深方向分隔为"前堂"、"后室"两大部分。中厅乃平时筵宴宾客、举行各种礼仪的场所。

明次间的分界点一般由柱、梁（栿）、枋有规则的排列组合而成侧样（或称为"侧面"）作为承重体系，既代替了内隔墙的分隔支撑作用，又巧妙

[一] 本文以福建省邵武市和平镇和金坑乡传统民居为例，从地理位置上来说，它们都位于邵武市的西南位置。

[二] 2011年7月与金坑乡危功从工匠的访谈中得知当地传统营造尺1尺长340毫米。

131

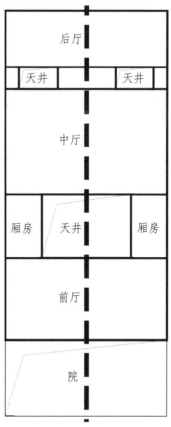

图1　邵武市传统民居典型地盘示意图

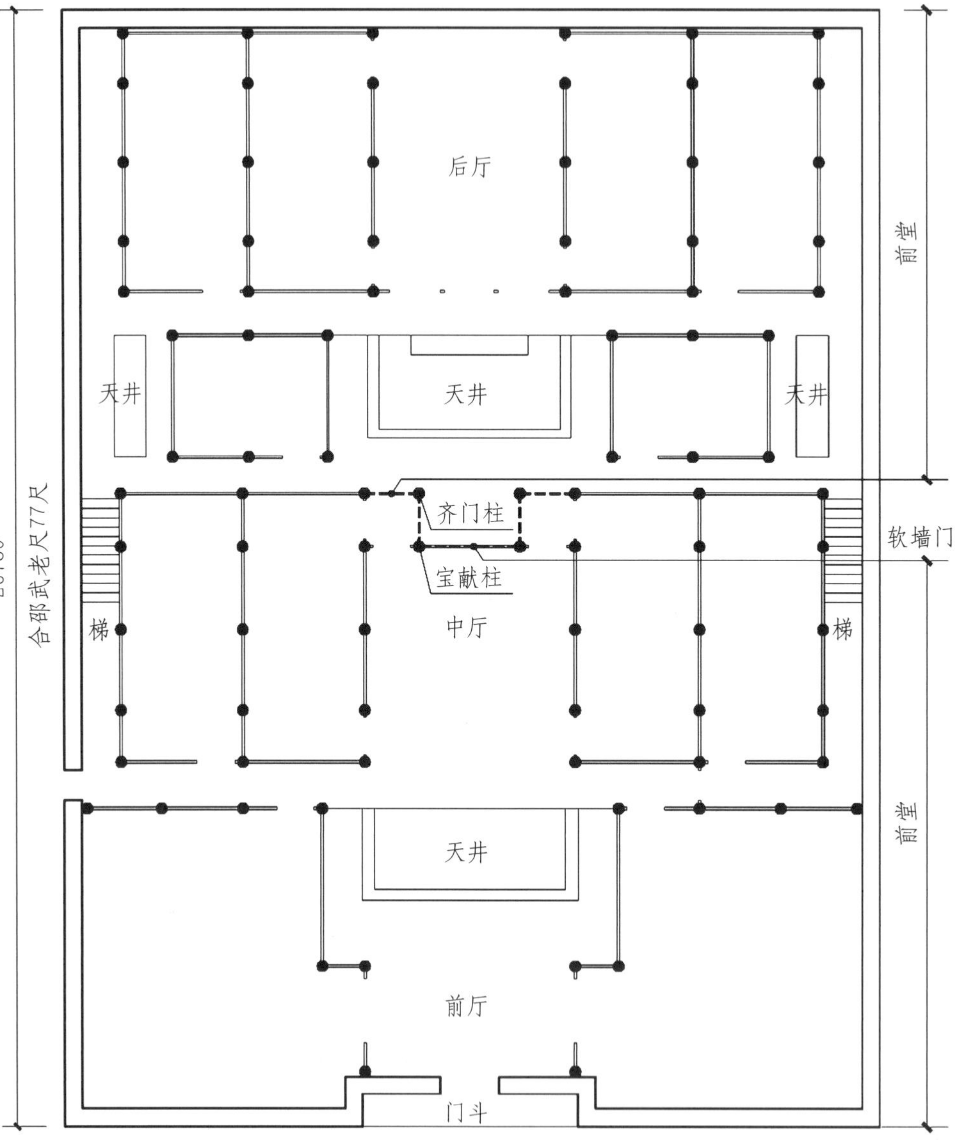

图2　软墙门分界前堂后室（图片来源：作者分析整理）

地沟通了两个开间之间的联系，增大了室内空间感。由此大空间的营造，樽（即檩条）不必延长，樽（檩）径也不必加粗，只需再竖立一个侧样即可再增大一个开间的空间。

正是这一特定的功用，侧样在传统民居乃至殿堂以及其他各类房屋的营建中居于重要的位置。本文结合实例着重探讨中厅五柱式侧样的排列与构成。

一 屋面折水、折水坡度范围

[一] 2011年7月采访危功从工匠时，他表示"檐柱为3分水，金柱为3.5分水，脊童为4分水"的样式为翘竿水。

邵武地区房屋的坡屋面与中原地区、苏南地区一样并非一条斜直线，而是中段略为下凹的凹曲线（为折线），当地称为"翘竿水"[一]。凹曲量的大小是先定坡比，以单坡水平距离之35%～45%（当然也有略小于35%或略大于55%的）确定脊高（脊槫面高度），檐脊连成一条斜直线后，自脊步开始（或自檐步开始均可，无规定法则）先下折该步水平距离的40%，即脊步四分水；第二步（即金步）下折该步水平距离的35%，即金步三分半水；第三步（即檐步）下折该步水平距离的30%，即檐步三分水（图3），这就是邵武市传统民居五柱所组成的侧样折水范式。这种范式与宋式、清式相一致，即屋面凹曲量的最大点均靠近脊部。不同在于折水幅度的大小，宋《营造法式》规定举折高度范围大致为前后挑檐槫（枋）水平距离的1/3，清《工程做法》记载举架值为前后挑檐檩（枋）水平距离的45%～60%，而邵武地区传统民居折水范围为单坡水平距离之35%～45%，从数值上来看，居于宋举折值和清举架值之间。

133

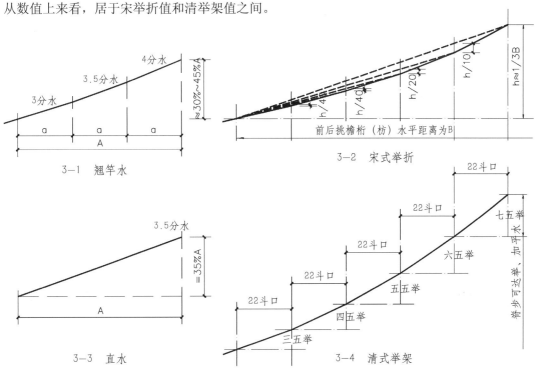

图3　屋面折水（图3-1、3为自绘，图3-2、4摩自《潮州民居侧样之排列构成——后厅六柱式》）

将邵武地区不同类型传统建筑屋面的水分值并置在一起，可以看出其夹角度数在65°～71°之间，大约6°的范围之内（图4）。这说明"檐步三分水、金步三分半水、脊步四分水"并不是一成不变的，而是根据不同的地形条件、不同家庭的经济实力而做相应的调整，体现了在规整中有自由选择的余地。

宋式做法所规定的凹曲线由"举折"产生；清式做法则由"举架"所确定[一]（图3）。前者先定总举高而后由脊向檐逐架下折；后者则自檐步开始，逐架向脊部举高。而邵武西南地区两种做法均有，不拘一格。他们的共同点是越靠近脊部越陡峭，凹曲明显。做法上是各个步架用橡，各个步架的斜率可以自檐部向脊部逐个加大而不影响构架本身的稳定。

二　中厅地盘与柱列分布

由前厅、天井、后厅三部分叠加而成的民居基本单元（图1），较大规模的民居在天井与后厅间再增加一个中厅和天井，中厅进深基本占30%，即77尺×30%≈23.4尺。中厅地盘进深与柱列关系为地盘进深尺度减去1尺之后，余下的数字对半分，其中一半为中堂内中间三根柱与柱之间距（即前后栋梁柱之间距）；另一半与原减去的1尺合起来作为前后水步柱子与前后栋梁柱及前后走廊之尺度；前后走廊各占40%，水步柱子与栋梁柱间距占60%（图5）。如中堂进深23.4尺，则23.4尺－1尺＝22.4尺，22.4尺之一半11.2尺为前后栋梁柱之间距；23.4尺－11.2尺＝12.2尺为前后水步柱子与前后栋梁柱及前后走廊之尺度；12.2尺分前后各一份即6.1尺，6.1尺之40%为2.44尺，取至寸尾数2.5尺为走廊地，6.1尺－2.5尺＝3.6尺乃是前后水步柱子与前后栋梁柱之尺度。

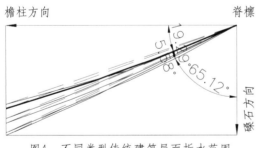

图4　不同类型传统建筑屋面折水范围
（图片来源：作者分析整理）

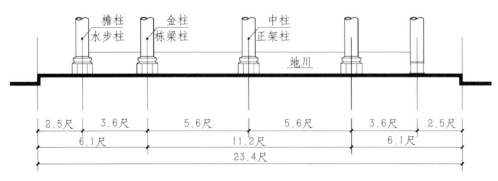

图5　福建邵武传统民居中厅地盘与柱列（图片来源：作者分析整理）

中柱（即正架柱）居中而设，前后水步柱子与前后栋梁柱间安排了前后门，门净宽常为2.2尺至2.3尺，加上两侧抱框以及各半个柱径，故前后水步柱子与前后栋梁柱之尺度最小不得小于3.6尺。有的传统民居在前后门位置各设置一腰门（图6），其宽为2.2尺至2.3尺，高常为4.5尺。

图6　前后腰门

三　杆头、梁（栿）顶、厅宽、大川与栋高

丈杆作为房屋营建的长度计量工具，其长短、大小随地域和不同流派的匠师的使用习惯而不尽相同。井庆升、马炳坚先生研究探讨了北方丈杆的基本使用情况：分为总丈杆和分丈杆两类，总丈杆分四面分别标记面阔（含椽位线）、进深、柱高（含榫长）、出檐；分丈杆则按构件分类标示尺寸，如金柱分丈杆等。其尺寸的标示一般也包含榫卯在内，并以记号分截线或中线，其上尚有一些特定的符号等[二]。

邵武地区为穿斗构架，所有构件的位置都与柱子密切相关，其篙尺相当于柱身的隐形代表，并且为了避免出现穿斗构件间相互位置的误差，通常将整个构架全标画在一根至二根篙尺上。当地篙尺为一长4米左右、高宽均为5厘米左右的方木，四面刻檐柱、二金柱及中柱等的榫卯尺寸。南北方的两种不同标示方法与用法，都表明丈杆在营建房屋的过程中起着限定特定范围的绝对尺度的作用。

邵武西南地区的一般做法为，中厅内地面比大门外地面（即房屋沿高度方向的计量基准点）高出0.9尺。内地面至三川顶高16.6尺，加上内地面高0.9尺合17.5尺为侧样第三根水平搁置的梁顶面高度。14.8尺又是常用之中厅明间宽，即中厅明间基本为一立方体形式（图7、9）。三川面高度为侧样承重支承体系基本结构层计量尺度。中厅三川面高加上2.5尺合20尺为脊檩面高，向下按二川、一川尺度及川间间距规则依次作出侧样骨架。

[一] 吴国智：《潮州民居侧样之排列构成——后厅六柱式》，《中国民居建筑年鉴（1988～2008）》，中国建筑工业出版社，2008年，第973页。

[二] 根据井庆升的《清式大木作操作工艺》和马炳坚的《中国古建筑木作营造技术》整理而得。

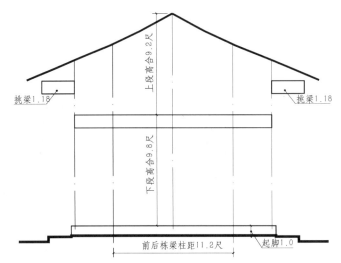

图7 前后栋梁柱距与上下段高的关系（图片来源：作者分析整理）

四 料例与材㮊

（1）石地栿

长＝前后栋梁柱11.2尺＋水步柱与栋梁柱间距3.6尺×2＋柱径0.375尺×2＝19.15尺

厚为0.9尺，合前后栋梁柱的8%，即11.2尺×8%≈0.9尺

高＝0.9尺＋0.45尺（埋入地按地栿高折半计）＝1.35尺

（2）柱础

邵武西南地区传统民居中的柱础样式较多，归纳起来有以下三种类型（图8）：

第一类为单层柱础，样式又有方形和圆柱形内凹两种（图8-A）。样式做法及其简洁，主要用于简陋的房屋或房屋中不重要的部位。

第二类为双层柱础，此种样式较多可分为方形、鼓形＋圆柱形内凹、鼓形＋八角

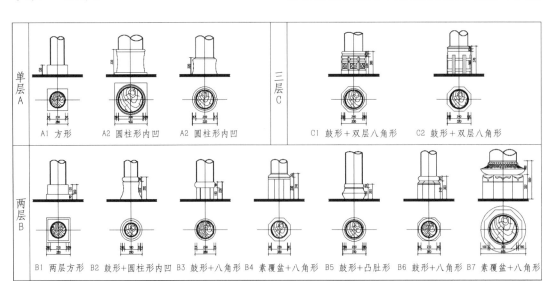

图8 福建邵武传统民居柱础式样（图片来源：张新星、陈亦颢、任慧娟及作者测绘，作者分析整理）

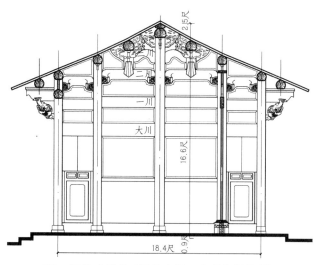

图9 五柱式侧样（图片来源：作者分析整理）

形、素覆盆＋八角形、鼓形＋凸肚形、鼓形＋八角形和素覆盆＋八角形等几种（图8-B）。普遍使用于建筑内的大多数部位。

第三类为三层柱础，其样式为鼓形＋双八角形（图8-C）。其等级最高，样式复杂，主要用在宝献柱部位。

（3）立柱

中柱（当地称正架柱）柱脚直径一般为0.9尺，合前后栋梁柱间距的8%。柱尾直径一般减1寸，为0.8尺。柱身上细下粗，是典型的收分柱，基本保留树木本身的自然形态。柱高随举折定。

金柱（当地称栋梁柱）柱脚直径一般为0.82尺，约合中柱径的90%。柱尾直径一般减0.6寸，为0.76尺。

檐柱（当地称水步柱）柱脚直径一般为0.75尺，约合金柱径的90%。柱尾直径一般减0.5寸，为0.7尺。

（4）大川、一川、二川（有做成栱川的）与三川

大川断面高1.2尺，厚度为0.25尺，约为高度的1/5，长度为18.4尺，与前后金柱（当地称栋梁柱）柱间距同。

一川与三川仅起拉连填充的作用，二川则既起拉连填充的作用，又有承重之功能。从图8中可看出，一川以上之构架疏朗通透，以中柱为界之前后金柱两侧则为形态尺度相同之横竖穿插构件（图9）。其中一川断面高1.0尺，厚度为0.25尺，约为高度的1/4，长度为18.4尺，与前后金柱（当地称栋梁柱）柱间距同，中间部位的一川比旁边高0.25尺左右，其一端插入前檐柱，另一端削成长榫状穿透金柱、中柱并交于后檐柱上。二川为栱川，做成月梁状，位置高于一川，跨度与其相同。中间部位的二川比旁边

高0.6尺左右，其一端插于中柱，另一端插入金柱，在中跨位置立一骑童，骑童立斗承檩。三川一端插入中柱，另一端以长榫状穿透架跨于二川中点之骑童并伸出梁头（图10）。

（5）骑童与平盘斗

关于骑童与川枋的交接关系，这在明天一阁版《鲁般营造正式·五架屋诸式图》一节中记载了三种："五架梁栟，或使方梁者，又有使界梁者，及叉槽、搭榍、斗磉之类……，在主者之所为。"[一]叉槽即在骑童底部开槽，插于梁枋之上；搭榍——骑童底部不开槽，直接置于梁枋之上；斗磉就是在骑童底部垫斗，再置于梁上（表1）。

在调查中发现，各地传统民居建筑的童柱做法各不相同，叫法也不尽一致。福建邵武地区将立于川上为调整屋面斜度承托檩条的木柱称作骑童，它有高矮之别，与川枋的交接方式概括起来有如下三种：A.搭榍（图11-A）；B.叉槽（图11-B）；C.斗磉（图11-C）。搭榍又可分为两种式样：a1.普通骑

童；a2.梭柱骑童。叉槽亦分两种：如骑童直接立于川面之上，稍作处理，如鹰嘴状，称之为鹰嘴骑童（图11-b1）；也有简单处理的，骑童柱脚导方立于川上（图11-b2）。斗磉为邵武地区常见的做法，该方式有两种：莲蓬平盘斗式样（图11-c1、11-c2）和直接用斗形成的斗立骑童式样（图11-c3）。平盘斗是邵武地区的地域称谓，为半磉之一种式样，即骑童底部与川面相连接的莲花坐斗，其外观精美，比骑童柱底大一圈，以自然植物纹饰为主，面向大厅，起装饰美化作用。具体采用何种样式，可根据建筑物的等级及装饰需要随宜选择采用，以美观实用为最终目的。

这一现象表明《鲁般营造正式》与江南民间传统建筑之间有莫大的关联，且不说究竟是谁成就了谁，至少这是一个整体事件，是一个系统中的两个方面。而在李哲扬先生的《潮州传统建筑·大木构架》的"桐柱"章节中，发现潮州地区骑童与川枋间使用最为广泛的搭接方式为叉槽[三]，斗磉则只呈现

表1 《鲁般营造正式》中童柱与梁枋的交接关系[二]

七架之格	楼阁正式	九架屋	九架屋
叉槽		搭榍	斗磉

图10 集中于大川面以上之材栔排列

[一][明]《鲁般营造正式》(天一阁藏本影印),上海科学技术出版社,1988年,第67页。

[二]根据《鲁般营造正式》所载内容和图纸整理得到。

[三]李哲扬:《潮州传统建筑·大木构架》,广东人民出版社,2009年,第35～45页。

139

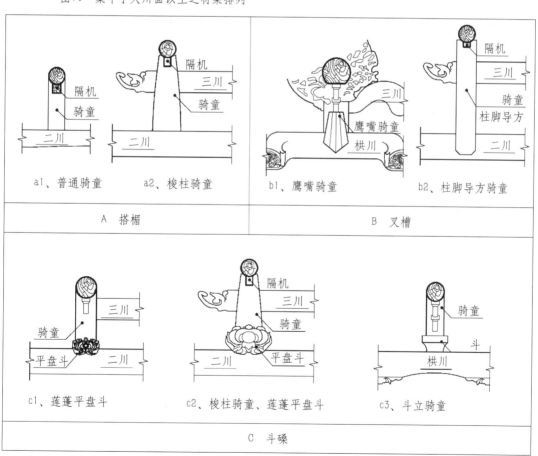

图11 福建邵武传统民居中骑童与梁枋的交接关系
(图片来源:张新星、陈亦颖、任慧娟和作者测绘,作者整理绘制)

出式样较为单一的斗式样，故此可以看出其受《正式》的影响并不深。

通过对骑童与平盘斗的搭接方式的归纳分析，大致可以推断此组合构件的总体发展变化趋势：早期骑童与川枋的形象较具体，体型古拙，交接方式直接简洁——搭楣；渐渐地在骑童底部和川枋交接处的节点有了更多的艺术加工，此一方面加强了骑童与川枋间的咬接关系，另一方面美化了骑童形象，如砍斫一块成方形的也有加工成鹰嘴式样的（图11-b1），而上部骑童的柱身形体仍较明确；后来，在骑童底部与川枋间出现了花篮状的平盘斗——磉（当地工匠将其与柱下磉的形象加以联系，故名）。稍早时期的平盘斗只是骑童与川枋间的承托构件，整体性并不强，后来在此基础上将川枋下凿1寸左右，

将平盘斗直接搁置其中，最终完成了骑童与斗磉组合式样的发展历程。

（6）为适应屋面折水的自调措施

五柱式侧样虽然是横平直竖，但为了与坡屋面的斜度及折水协调，自脊步向下各步架的承槫方式各有不同，其具体处理办法为：若尺度刚好合适，可直接搁置于上川面（图12-a）。川面高出槫下缘约1寸左右，可以适当凿挖（图12-b）。若凿挖量太大时，川面需适当降低或将槫面适当调整。当川面低于槫下缘则可以立短柱承槫（图12-c）。也可以垫斗（图12-d），以斗承槫。或单斗距离不够，可用叠斗（图12-e）。若川面与槫下缘距离太大时，则可用骑童承槫（图12-f）。也有采用斗立骑童承槫方式（图12-g），斗的截面尺寸应能承托骑童，并比

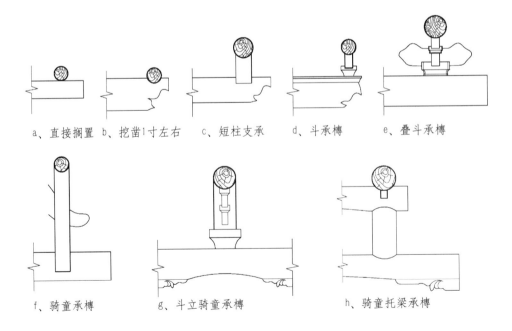

a、直接搁置　b、挖凿1寸左右　c、短柱支承　d、斗承槫　e、叠斗承槫

f、骑童承槫　　　g、斗立骑童承槫　　　h、骑童托梁承槫

图12　槫的各种搁置方式（图片来源：张新星、陈亦颢、任慧娟和作者测绘，作者整理绘制）

骑童直径大。这种方式其实是在骑童承槫基础上在柱脚加了斗，等级较高，艺术性较强。在骑童与槫间还可以架设横梁，形成骑童托梁承槫方式（图12-h）。此种方式由于在骑童与槫间架设了横梁，稳固性不如前几种，但也不失为一种较好的协调方式，主要优势是加强了槫间的横向联系。采用何种形式，甚是灵活自由，以侧样整体均匀、紧凑、自如为准。

（7）挑檐式样

而福建邵武市传统乡土建筑的前后檐柱以外为"挑檐"部分，根据下出（檐柱至中厅台明边缘距离）的大小以及建筑物的等级，是否施用斗栱等，通常可分两大类：①不施用斗栱或仅用插栱式样；②施用斗栱式样。其中前者又有三种类型：a.不施插栱，仅用挑（枋）支承，此方式简洁大方，受力清晰（图13-a）；b.一层插栱，挑（枋）支承（图13-b）；c.为双层插栱支承，檐口出挑式样。该情况又可分三种情形：a.双层插栱，挑（枋）支承檐口出挑，装饰性与功能性兼有（图13-c1）；b.双层插栱，挑（枋）＋短柱支承檐口出挑（图13-c2）；c.双层插栱，挑（枋）＋斗支承檐口出挑（图13-c3）。施用斗栱的情况也有两种不同式样：a.叠斗，出单杪，挑（枋）支承檐口出挑（图13-d1），这是一种等级较高的方式，注重艺术性；b.叠斗，出单杪，双下昂＋挑（枋）支承檐口出挑（图13-d2），此种情况较前者等级更高，结构更复杂，艺术性更强。在这些方式中，施用"一层插栱或两层插栱，挑（枋）支承"方式应用最广泛，因为由插栱挑（枋）支承不仅受力合理，且能承托较深远的出檐，防止雨水对柱脚及室内的溅湿。而其他方式由于受力和出挑方式上均不如前者，故应用较少。从赣闽两地的对比中可以看出，大部分式样在两地都存在并使用，也有部分特别的特征与做法，如福建邵武的"叠斗，出单杪，双下昂＋挑（枋）支承"等。

（8）材栔排列

各项料例择定之后，材栔排列之要点集中于中柱大川之上的一川、二川、三川。在正身侧样内大、一、二、三川及前后穿枋下阴角安插入替木、梁垫等，使垂直交接的柱梁间平缓过渡，与其上配置匀称的栱川、童斗连成一气呵成的五柱式侧样构架（图9）。材栔在侧样中柱上的排列见表2。

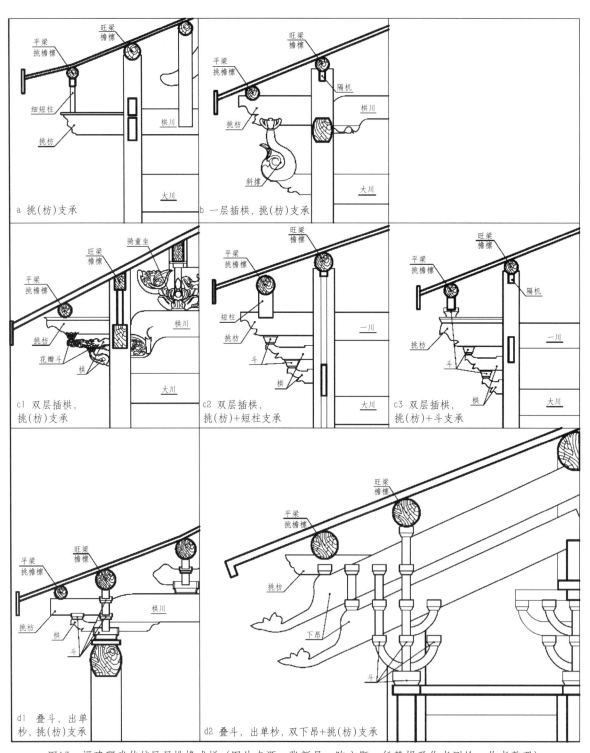

图13 福建邵武传统民居挑檐式样（图片来源：张新星、陈亦颢、任慧娟及作者测绘，作者整理）

表2 材栔在侧样中柱上的排列（单位：木尺，每木尺等于340毫米）

脊槫面高合	20		
上段高合	9.2	下段高合	10.8
脊槫上	0.5	大川	1.2
脊槫径d	1.0	上抹头	0.15
脊槫下	1.1	中宝壁	3.4
三川	0.8	下抹头	0.15
栔	1.1	木墙身堵	4.0
二川	0.9	地川	0.9
栔	1.4	起脚	0.1
一川	1.0	石地栿	0.9
栔	1.4		

143

五 压白与营造中的吉凶禁忌

在传统的民居建筑营造过程中，各地的工匠在顺应自然环境的同时，也要遵循营造中的一些社会禁忌，这是传统营造中的不成文的规定，是东家与工匠自身都要墨守的社会规则。在邵武地区的传统民居营造中也要遵循压白法，即木匠将"生、老、病、死、苦"五字，分别压"一、二、三、四、五"或"六、七、八、九、零"[一]，其中生和老为吉，如三尺六，六对应生，为吉[二]。如建筑的开间与进深尺寸视地基而定，一般正间宽一丈一或一丈二。其中很重要的一点，无论开间多大，数字的尾数都一定要落在一或二上，当地称落在"生"或"老"字上，一般多压一或二，如压六或七也可以，其他字是不行的。

房子的楼层高度要求"七上八下"，也就是说楼面至檐口的高度为七尺，下层高度为八尺。尾数也要合字眼[三]。

门的做法要求正门上宽下窄，后门上窄下宽。门框的砌砖皮数的尾数一样压"生"或"老"字[四]。

[一] 金坑乡危功从和大埠岗镇江善樵工匠在访谈中均表示"生老病死苦分别对应数字一二三四五和六七八九零，其中生和老是吉字，即压一、二和六、七，其他不可压。"

[二] 李久君，陈俊华：《八闽地域乡土建筑大木作营造体系区系再探析》，《建筑学报》2012 第 S1 期，第 84 页。

[三] 根据对邵武和平镇的王师傅访谈资料整理得到。

[四] 根据对邵武和平镇王师傅的访谈资料整理得到。

六 结 语

对当代民居建筑的剖面图、平面图和鸟瞰图，古人分别称为侧样图、地盘图和厝样。其中与平面图紧密配合构成房屋，并反映房屋各部分构造连接关系的最重要的图样为侧样图。对侧样图加以分析和说明，即是在本质上抓住了当地的建筑特点，工匠运用此侧样在维修或新建设计时就有了依据，才不会背离古人的设计智慧。

在现代社会经济建设的大潮中，古代匠人的营造智慧随着机器的轰鸣和传统民居的衰落而亦不受重视和难以探寻。但值得庆幸的是，曾经凝聚古代匠人营造智慧、技术和艺术的传统民居建筑还有部分幸存于远离城市的乡野之中，只要我们及时行动，去发掘、去研究对这些建筑结合实例加以整理和分析，虽属肤浅的记录与赘述，但对于传统民居的修缮、保护、继承和研究，并将其逐步引向深入，从而拓宽中国古代建筑技术史的研究领域，无疑是一件非常有意义的事情。

参考文献：

[一] 吴国智：《潮州民居侧样之排列构成—后厅六柱式》，《中国民居建筑年鉴(1988～2008)》，第973页。

[二] [明]《鲁般营造正式》（天一阁藏本影印），上海科学技术出版社，1988年。

[三] 李久君，陈俊华：《八闽地域乡土建筑大木作营造体系区系再探析》，《建筑学报》2012年第S1期，第84页。

【湖南永州汉族传统民居结构作法浅析】 [一]

佟士枢·同济大学建筑与城市规划学院

摘　要：湖南永州地处湖南省西南部，是湘、粤、桂三省交界处。这里的汉族民居属于典型江南"一明两暗"天井式民居，但因地理位置的特殊性，其构造作法很多兼具江西民居、湘西少数民族民居以及湘南本地民居的特色。本文通过对永州汉族传统民居结构形式与构造细部的列举与分析，并与周边地区作法进行比较，总结出永州汉族民居建筑的结构作法。

关键词：永州　结构作法　结构形式　构造细部

[一] 本论文属国家自然科学基金支持项目，项目批准号：51078277，51378357。

145

永州，古称零陵，东接郴州市，东南抵广东省连州市，西南达广西区贺州市，西连广西区桂林市，西北挨邵阳市，东北靠衡阳市，为湘西南口岸城市，位于五岭北麓，湘粤桂三省区结合部，是古时入粤、入桂重要的交通要道。其汉族民居聚落以血缘型聚落为主，多为地缘型聚落和业缘型聚落，一个村中同一姓氏的人数会占总人数一半以上。从永州市零陵区算起，沿潇水两岸分布有很多古村落，即零陵、双牌、道县、江永四县为最多，另外在道县至桂阳的陆路周围也存在一些古村。总的说来，古村分布在潇水和道县—桂阳陆路两条交通要道周边（图1）。本文调研点基本集中在零陵柳子庙街区，富家桥子岩府，双牌的访尧村、板桥村、坦田村以及道县的小坪村、周宅等。

永州汉族民居为"一明两暗"天井式民居，多为三开间，少有五开间七开间。当心间采用木构架，两山无排山，采用砖墙承檩方式。本文以整体到局部的方式来阐述永州汉族民居的结构作法。首先，列举了永州汉族民居结构的整体样式，即结构形式及其与平面的关系；然后再阐述细部构造作法，主要强调具有永州地区特点的部分；最后通过和周边地区作法的对比总结概括出永州汉族民居的结构作法。

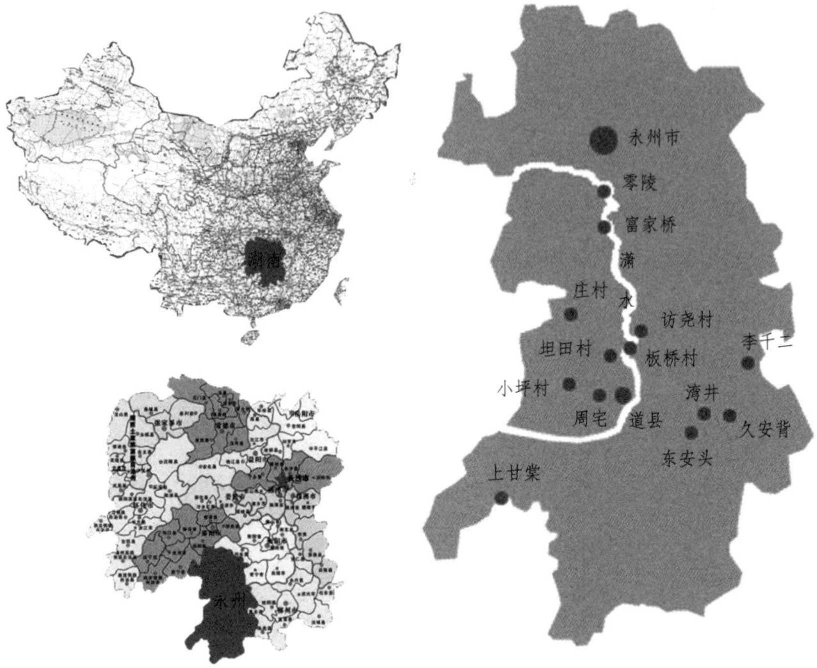

图1 永州民居分布

一 结构形式

1. 主要梁架结构形式

（1）抬梁式

永州民居中的堂屋或官厅、祠堂、会馆、戏台等因其规模进深大，明间往往采用抬梁结构。抬梁式将整个进深长度的大梁放置于前后檐柱（永州地区可能放于金柱），然后在梁上部收进若干长度立瓜柱，瓜柱上再搁置梁，以此类推。这种构架使用空间较大，对材料要求较高。一般不存在整体都是抬梁式的民居建筑，都是和其他结构形式结合使用（图2）。

（2）穿斗式

穿斗式是由柱子、穿枋、斗枋、纤

子、檩木五种构件组成，又称"立帖式"。主要特点就是，檩条直接搁置在柱上，檩条数与柱子数相等，每排柱子由穿枋连接起来形成一榀构架，各榀再以枋连接，形成一个整体的结构体系。此种结构形式对基础要求不高，所用木料尺寸也较小，便于施工又比较经济，而且布置灵活对环境适应性强，是本地区使用最为广泛的结构形式（图3）。

（3）组合式

永州汉族民居的结构形式多种多样，往往不采用单一的结构形式，这里的组合式有三种组合方式：

第一种为横向的组合。即在同一民居中，会同时存在抬梁式屋架和穿斗式屋架，抬梁式屋架一般作规模较大厅堂当心间的屋

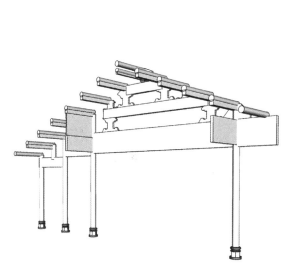

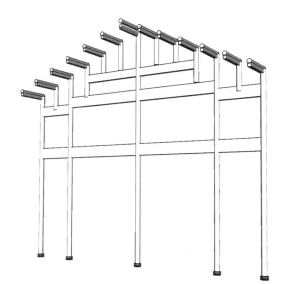

图2 零陵区子岩府明间排山　　　　　　　图3 双牌县板桥村吴宅明间排山

架；如果抬梁作为明、次间分隔，那么次、梢间分隔就常常以穿斗分隔，这在五开间民居中极为常见。当然，也大量存在整体采用穿斗式结构的民居，纯穿斗式民居规模一般不大。

第二种为纵向的组合。即使是当心间的梁架，也很有可能不全是抬梁式，常常会在抬梁式屋架的一个檐柱一侧再补接一处穿斗式屋架，而屋面则顺着抬梁部分的斜度继续直线倾斜，形成前廊或后廊，这在永州民居较大规模的民居中极为常见。

第三种为竖向的组合。即在抬梁或穿斗结构中，偶尔会采用插梁式来平衡梁柱关系。因为永州民居屋架中，屋面均为四五分或五分硬水，檩的密度又比较大（700毫米～900毫米不等），抬梁结构不能完全按照标准抬梁式那样三架梁下面会是五架梁，永州民居的三架梁下若直接跟五架梁，二梁会过密，且材料浪费，在这种情况下就采用了插梁式来解决梁架过密问题。五架梁穿过瓜柱，而不是顶在瓜柱柱头，这样就降低了五架梁的高度，使五架梁与三架梁的距离合理，满足了檩条与梁的支撑关系，同时也满足了屋面斜度。其后的七架梁也以同样的做法插入前后金柱当中（图4）。

图4 道县小坪村某宅插梁作法

另外，永州民居除以上三种梁架形式外，还存在一些基本梁架形式的变体，例如带有披檐的穿斗式，减掉前后檐柱的穿斗式，以及带有轩廊的穿斗式等。表1为永州地区汉族民居厅堂部分主要采用的梁架结构形式简图。

表1　永州地区汉族民居主要梁架结构形式

（绘图：佟士枢）

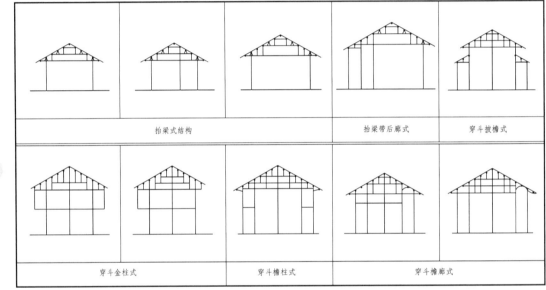

| 抬梁式结构 | 抬梁带后廊式 | 穿斗披檐式 |
| 穿斗金柱式 | 穿斗檐柱式 | 穿斗檐廊式 |

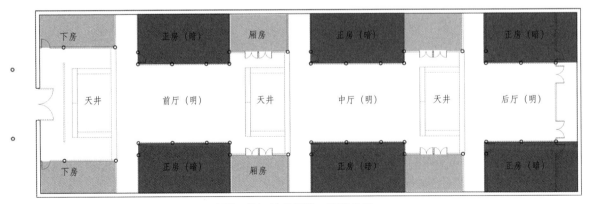

图5　坦田村岁圆楼二润堂平面

2. 梁架结构与平面布局的关系

永州地区汉族民居的结构方式为不完全"框架结构"，因为其山墙多为承重的砖墙，直接承载着屋顶的檩条，即砖木混合硬山搁檩式结构，所以从平面上看三开间厅堂仅有两缝屋架，五开间有四缝，以此类推（图5）。建筑内部开间分隔都是靠承接屋顶构架的梁柱排山，有抬梁式亦有穿斗式。其中抬梁式一般多用于明、次间分隔，而穿斗式除了在普通民居的厅堂正房中使用外，在非砖墙承檩的建筑中、左右厢房中或五开间的次、梢间分隔中也会使用。如果是一条轴线上的二到三进厅堂，第一进可能会采用抬梁式构架，后面几进一定为穿斗式构架。

故永州地区梁架反映在平面上仅有两种方式：第一种为砖墙承檩，当心间梁架为抬梁式，有可能包含局部的穿斗和局部插梁式，如若是五开间或七开间厅堂，仅当心间为抬梁，其余为穿斗；第二种同样为砖墙承檩，只是当心间为单一穿斗式梁架。二者相比较，前者往往规制较高。故永州民居在平面布局上空间相对规整，"一明两暗"格局极为明显。

149

二 构造细部

1. 纵向受力构件

（1）挑枋

挑枋即穿枋穿过檐柱挑出后直接承托檐檩，其上少做装饰，最多下部加一块垫块起雀替作用。这种做法在永州地区极为普遍。因为中柱的大量存在，永州民居并不存在很大的梁，只用穿枋在柱与柱之间连接，不必承托过重的屋顶荷载，所以与通进深抬梁式厅堂的梁相比，穿枋的截面就要薄很多。挑枋正是穿枋穿过檐柱的挑出部分（图6）。有些挑枋也可能是檐枋穿过檐柱的伸出部分或随梁枋的穿出部分。另外，抬梁式构架很多也存在挑枋，这是由于永州民居的抬梁构架并不是完全抬梁，仅仅是部分抬梁，其最下面一根梁常常是以穿过檐

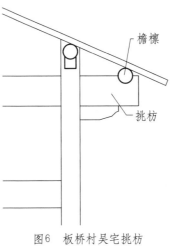

图6 板桥村吴宅挑枋

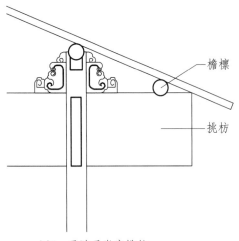

图7 零陵子岩府挑枋

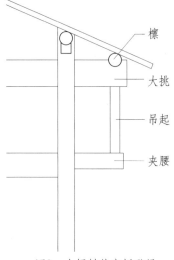

图8 小坪村某宅板凳梁

150

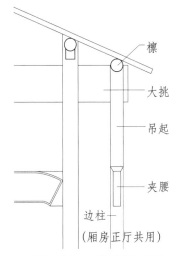

图9 坦田村岁圆楼板凳梁

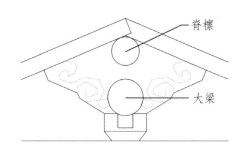

图10 永州民居屋脊作法

柱出挑并直接承托檐檩的形式出现，且这根梁从断面上看高度远远大于宽度（图7）。挑枋这一构造决定了挑出部分的截面需要达到一定高度才能承载这一荷载，而且要满足其他同类构件所达到的效果，例如斜撑或象鼻栱之类，故穿枋截面高度都比较高。同时，此种构架方式之所以能够如此合理的存在也和本地区屋面分水形式有很大关系，本地区

屋面基本均为硬水，这样出挑正好符合了硬水屋面的斜度。

（2）板凳挑

这种出挑方式在整体两湖地区都较为普遍，永州地区民居中只有较大规模的厅堂正房中会出现。板凳挑即出挑大挑的枋下增加一个"夹腰"，夹腰水平出挑，上立短柱，称"吊起"，吊起顶头支檩或由吊起承托大挑；如果

为顶头支檩，则大挑穿过吊起；如果为直接承挑，那么挑下一般会有栱固定。这样的结构方式适当减轻了大挑自身的荷载，把荷载引到吊起和夹腰上来（图8）。只是永州地区有些板凳挑中的夹腰为横向构件，由边柱（正厅与厢房共用柱）挑出，这样其承托的吊起就代替了当心间檐柱的作用，分担了由于进深过大，截面又偏薄的穿枋荷载过大问题。其作用仅为代替当心间减掉的檐柱，一般只有在永州民居中的大型厅堂中才能见到（图9）。

2. 横向受力构件

（1）大梁

大梁位于民居脊檩正下方，对左右两缝梁架或山墙起牵引连系功能。大梁与脊檩中间无脊垫板。这种作法在永州民居中大量使用，即使是抬梁结构中也会使用，构造方式上抬梁的大梁与穿斗的大梁相同（图10）。

（2）过梁

起牵引连系功能的构件除了大梁之外，还有过梁。永州民居不是所有檩下都有过梁，一般只有在由金柱或檐柱支撑的檩下存在过梁，加强了每缝梁架间的整体性，并且过梁的断面高且窄，称之为横枋亦无不可。

（3）看梁

看梁是江南民居中比较重要的装饰部位，能够显示家庭的财力。和赣系民居不同，永州民居并不太注重本身看梁的雕饰，看梁往往比较简单甚至没有，大部分情况仅用一条横枋充作看梁，也起到过梁的作用。主要雕饰都集中在轩廊，板凳挑等一系列构件上。

（4）叠檩和连机

永州民居的檩一般不单独存在，只有檐檩与脊檩没有支撑，其他檩条都做成一根圆木一根方木的檩条—连机式。这一点和赣系民居作法大同小异。

3. 竖向承压构件

抬梁式结构中视檩条与梁的距离决定是否使用瓜柱，例如，脊檩与三架梁间距离较大，会用瓜柱，但三架梁上其他檩条之下，就免去瓜柱采用驼墩，如果用瓜柱，瓜柱与梁的折角会用雕饰精美的角背；同样，不用瓜柱而用驼墩的部位，无论驼墩还是梁头，雕饰都极为精美（图11）。另外，抬

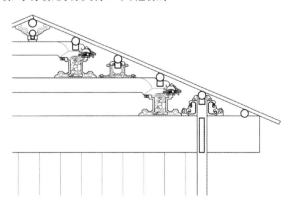

图11 零陵子岩府正厅明间部分梁架

梁结构主要用于厅堂建筑的当心间，采用减掉檐柱的方法来扩大正厅空间，并且没有中柱，当心间前后金柱的直径明显比其他柱要大，柱础采用多层柱础，规制也比其他缝屋架立柱的柱础高。

4.屋面

永州民居一般不做举折，都是倾斜的直线屋面，极少数厅堂有微小举折，在屋面分水中采用硬水方式，这种带有微小举折的也同时采用檩承椽、椽置望板、望板上铺瓦的方式，椽靠瓦的自身重量形成自然微小的弯曲，只是产生了一点屋顶弧度，并不像《营造法式》中采用多段椽的方式形成举折。

三 与周边传统民居结构作法的对比分析

1.结构形式的对比

永州汉族传统民居多数采用穿斗式，但仍

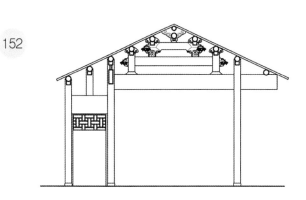

图12　道县小坪村祠堂明间剖面图

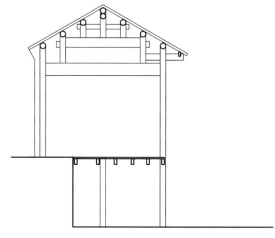

图13　湖北巴东县官渡口张家老屋剖面图

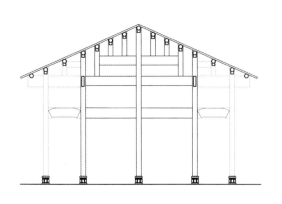

图14　双牌板桥村吴宅明间剖面图

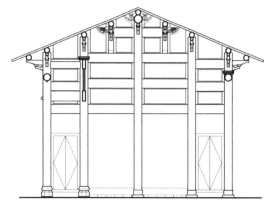

图15　江西黎川老曹门巷8号民居剖面图

有相当一部分高规制民居采用抬梁式。其抬梁式构造混合了插梁式与穿斗式的一些细节处理手法，在檩间距较密的情况下，巧妙又合理地解决了梁架过密问题，使柱、檩、梁三者整体性更强（图12）。这种作法在鄂东、鄂西以及湘西的吊脚楼建筑中都有发现（图13）。

对于穿斗式，同其他地区穿斗式民居不同处在于，永州地区的穿斗式结构均为局部柱落地式，而非全柱落地式。本区穿斗式结构的一缝屋架中，仅有少数几根柱子直接落地，一般是中柱、前后金柱以及前后檐柱，其余柱子均落于穿枋之上，在《营造法原》中称为童柱，而在土家族穿斗建筑中又称瓜柱（图14）。所以从受力角度上讲，这里的穿枋并非一点不受力。这样做的好处是减少了柱子的数量，使空间更为开阔。这种穿斗式构架在赣系民居中也非常多（图15）。另外，在平面的一明两暗天井式格局看来，永州民居的整体框架同赣东民居很相似（图16、17）。

2.构造细部的对比

构造细部上，永州民居檐口作法很有自身特色，由穿枋笔直穿过檐柱挑到檐下承托檐檩，这种看起来极硬的出挑做法和湘西吊脚楼建筑的檐口作法类似，但为满足其上梁架的需要，挑枋本身做的极大，断面窄而高，挑出部分亦如此，有很大的承重能力，不像湘西的飘枋那么纤细，仅为支撑檐檩而设。另外，挑枋和湘东、鄂东南以及江西民居的鳌鱼挑、象鼻栱、斜撑等功能相同，并且以一个构件完成了其他几个构件的任务；虽不如后几者娟秀，但更加大气雄壮（图18）。

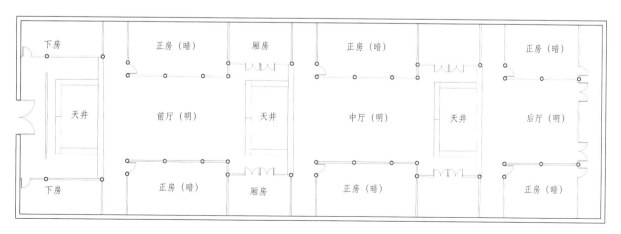

图16　永州民居典型平面图

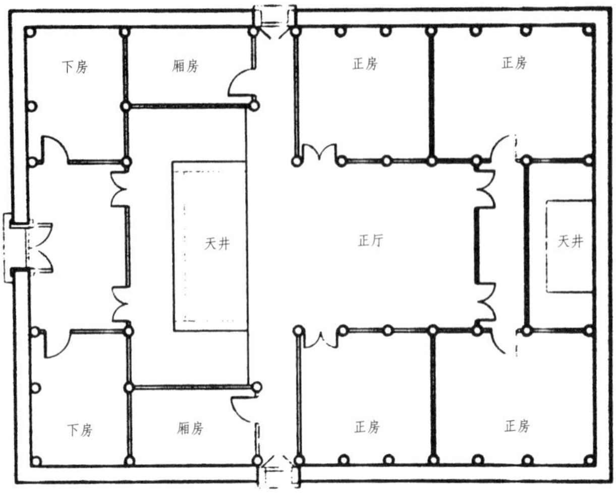

图17 赣东民居典型平面图

(平面图中的文字标注)
下房　厢房　　正房　　正房
天井　　正厅　　天井
下房　厢房　　正房　　正房

对于板凳挑的构造，永州民居除了标准的板凳挑结构外还有夹腰为横向的板凳挑的变形（图19），这种构造作法应用得相当灵活，在一些大家族的正厅下随处可见。

关于一些梁架的其他细部作法，大梁与脊檩分开，其间无垫板，这种作法在赣东系民居中有很多。过梁、看梁等类似横枋的做法，和穿斗式民居中的横枋作用一致，只是永州民居由于柱子较少，构件承受荷载较大，对构件本身要求较高，这些横枋也随之比较粗大。

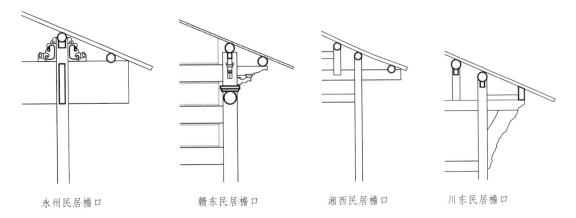

永州民居檐口　　赣东民居檐口　　湘西民居檐口　　川东民居檐口

图18　檐口

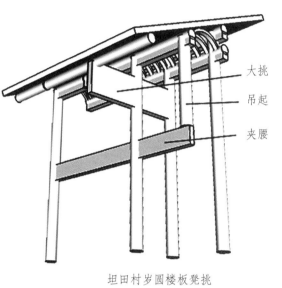

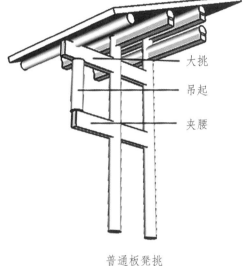

坦田村岁圆楼板凳挑

普通板凳挑

图19 板凳挑

四 结　语

　　由于地处三省交汇处，永州民居的结构作法出现一定的东西交融迹象，这种技术上的交融形成了该地区独特的建筑结构作法。从整体梁架形式和承重关系来看，永州民居采用的砖墙承檩方式、明间两缝屋架的抬梁式和穿斗式梁架结构，平面上一明两暗及天井式院落的格局等都基本和赣东系民居相符。在檐口及一些细部构件处理上，又极具湘南特色。挑枋与板凳挑的构造作法同湘西穿斗式民居及一些干栏式民居的处理作法相似。木构件装饰与赣东民居相比要简单，整体构架显得雄壮、粗大。构架上多出现插梁式构造，这一构造相对纯抬梁和纯穿斗更加稳定，承重也比较合理，同时也体现了湘西少数民族民居作法对其产生的影响。

　　由于人力物力有限，本篇仅建立在对潇水沿岸村落的调查基础之上所写，内容涉及零陵、双牌、道县的古村落，而其他区位的村落调查甚少，不详之处还有待日后的继续深入调查研究。

参考文献：

[一] 姚承祖、张志刚：《营造法原》，中国建筑
    工业出版社，1986年。

[二] 李晓峰、谭刚毅：《两湖民居》，中国建筑
    工业出版社，2009年。

[三] 唐凤鸣、张成城：《湘南民居研究》，安徽
    美术出版社，2006年。

[四] 陈耀东：《鲁班经匠家境》，中国建筑工业
    出版社，2010年。

[五] 李孝聪：《中国区域历史地理》，北京大学
    出版社，2009年。

[六] 杨慎初：《湖南传统建筑》，湖南教育
    出版社，1993年。

[七] 何重义：《湘西民居》，中国建筑工业
    出版社，1995年。

[八] 张国雄：《明清时期的两湖移民》，陕西人
    民教育出版社，1995年。

[九] 陆元鼎、杨谷生：《中国民居建筑》，华南
    理工大学出版社，2003年。

[十] 郭谦：《湘赣民系民居建筑与文化研究》，
    中国建筑工业出版社，2005年。

[十一]《古镇书》编辑部：《湖南古镇书》，南海
    出版公司，2004年。

[十二] 刘昕：《湖南方志图汇编》，中国建筑工
    业出版社，2009年。

[十三] 葛剑雄、吴松弟、曹树基：《中国移民
    史》，福建人民出版社，1997年。

【浅谈历史街区保护和文化遗产可持续发展的关系】

——以宁波外滩历史街区为例

黄定福·宁波市文物保护管理所

　　摘　要：宁波是第二批国家历史文化名城，其历史悠久、文化遗存丰富。近年来城市建设和旧城改造，宁波城区具有传统历史风貌特征的街巷、民居正逐年减少，城市风貌不断改变。老城区内的历史文化保护区，例如鼓楼公园路街区等已被全面改造，月湖历史文化街区东岸原有19公顷传统民居仅剩不到2公顷，月湖西岸保护困难重重。历史街区蕴含丰富的历史信息和文化内涵，文物古迹比较集中，能较完整地反映某一历史时期的传统风貌和地方、民族特色，是城市文化的重要组成部分，也是群众生活的精神源泉。本文就如何可持续发展保护利用好这些珍贵的历史文化遗产做一些分析探讨。

　　关键词：历史街区　宁波外滩　保护利用

一　宁波外滩历史街区概况

　　宁波外滩历史街区位于三江口北侧，东临甬江、西南及北侧濒姚江，呈肩胛状的三角形区域，历史上称为宁波"北城外"。此地历史文化底蕴深厚，名人荟萃，古迹众多。她不仅保留有古朴典雅的传统建筑，而且以众多的近代优秀建筑构成了宁波名城风貌的一大特色。现存有市级历史文化保护区一处，国家级文保单位一处（天主教堂），省保单位一处（由四处近代建筑组成，包括浙海关大楼、英国领事馆、宁波邮政局旧址、谢宅），区级文保单位一处（巡捕房旧址），文保点几十处，是反映宁波近代文化历史遗产的重要场所。

二　宁波外滩历史街区文化内涵

　　说起上海外滩，几乎无人不晓，而宁波外滩却鲜为人知。其实，宁

157

波外滩同上海外滩一样历史悠久，都浓缩着一段屈辱的近代史，而且建筑也相当精美。据《鄞县通志》记载：1842年鸦片战争后，清政府屈服于英国侵略者的武力，签订了丧权辱国的《南京条约》，次年又签订了《五日通商章程》。自此，宁波港作为第一批条约口岸，被迫向西方列强开放。根据有关条约规定："夷酋罗伯聘于道光二十三年十月二十八日乘坐大小火轮各一只，驶至宁波港……即于是日邀请在城文武，眼同开市……"于是，1844年1月1日，宁波港正式开埠。随后，英法美等12国在江北岸外滩一带设了领事。

开埠之初，前来宁波贸易的国家有英、法、美、德、俄、西班牙、葡萄牙、瑞典、挪威、荷兰等国。按照当时的规定，"五港开辟之后，其英商（包括其他外商）贸易之所，只准在五港口，不准赴他处港口，也不准华民在他处港口串通私相贸易。"因此，英国和西方各国在宁波建立据点，以便控制宁波港的对外贸易和经济命脉。

1850年，他们在江北岸一带强行圈划一大片土地，作为"外国人居留地和商埠区"，以后这里逐步变成西方列强控制宁波港的桥头堡。宁波港处于南北洋中间，是京杭大运河南部的终端，又是对朝鲜、日本的海上通道。开埠之初，由于当时上海港尚未兴起，其作为贸易港口的特殊潜力，也尚未被大多数企图摆脱广州贸易制度的西方各国商人所注意，而杭州湾和长江口海滩较浅，于是具有悠久对外交易贸易史的宁波港便成为南北航运停泊和商品集散最具战略的地区

之一。当时，宁波的商品经济远比上海发达，准资本主义的信用机构——钱庄信贷系统的发展已相当成熟。孙中山先生曾指出"宁波人素以经商闻名，且具坚强之魄力。""凡吾国各埠，莫不有甬人事业，即欧洲各国，亦多甬商足迹。"他又说："宁波开埠在广东之后，而风气之开通不在粤省之下。"宁波人不仅以经商闻名，而且宁波城市在西方各国商人的心目中，也始终是一个令人神往的获利源泉。有一个东印度公司的使者曾在日记中写道："宁波的幅员，不亚于福州；人口也不少于欧洲许多贸易大城市，其房屋建筑的整齐华丽，以及商业声誉的无与伦比，在中国可称首屈一指。"据《宁波近代史纲》载，宁波港开埠第一年，贸易额就达到了50万元。西方各国商人用尽心力想打入宁波市场，于是他们和华商"在界内照章租地，建造屋宇栈房"。至20世纪初，江北岸外滩一带变成了五方杂处的洋场，不仅有大英领事馆、天主教堂、巡捕房等，而且洋行林立，开设有夜总会、妓院、饭庄、戏院和弹子房等等，形成了别具特色的宁波外滩，地址在现外马路、中马路直至白沙路一带。

20世纪初，宁波工商业者经商致富后，在江北人民路与大庆路之间及外滩上纷纷建造住宅，其中就有一些宁波帮人士，如严信厚、严子均、朱葆三、虞洽卿、谢恒昌、俞佐宸等。

清宣统二年（1910年）开始筑沪杭甬铁路，境内段西起马渚站，东至老宁波站（现大庆路即为原火车铁路线），1914年通车营

业。抗日战争开始后，为阻止日军进攻，奉命拆毁。因此，宁波在近代史上一度成为浙东地区的交通枢纽，逐渐由一个封建城市转变为近代城市，成为浙东地区主要商业中心之一，宁波也逐渐形成了古城与商埠区南北布局的格局。外滩一带建筑风格呈现中西合璧的特征，生活方式混杂着东方的韵致和西方的浪漫，这里逐步成为一种新兴生活方式的集散地，形成了有别于传统中国社会的文化现象。

三　宁波外滩历史街区环境特色

早在20世纪60年代，王绍周先生在调查上海里弄建筑时就注意到上海早期石库门住宅与江南传统民居的关系，在1986年出版的《里弄建筑》中，他指出："老式的石库门里弄住宅的平面布置、大门入口、门窗装修，以及山墙处理等，无不受民间传统建筑的影响，主要脱胎于江南民居的平面布局，在规模上一般有三间两厢、两间一厢等，后来又压缩成单开间联排式住宅，由于这些住宅的单元入口均采用了各种石库门式大门，因此便有石库门住宅之称。它的建筑结构和建筑材料等，大部分是传统的成，只是在总平面布局上，出现了多数为横向比联的里弄形式。1910年以前的里弄，常属于这类老式石库门里弄住宅类型。"

在对宁波外滩街区的考察中笔者注意到宁波近代建筑在平面布局、门窗装饰、结构方式和建筑材料上与上海早期石库门住宅具有广泛的一致性。因此也可以认为宁波近代民居是上海石库门建筑最主要的来源之一，它是跟随移民上海的宁波商人进入上海并成为上海早期建筑的主要形式。

五口通商之后，由于蒸汽船的使用，海运成本下降，导致交通运输和物资流向的变化，上海勃兴并迅速取代宁波成为东南沿海最重要的港口和码头，进而成为全国的金融中心和商业中心。与上海崛起同步的就是宁波商人的大举移民。据《鄞县通志》记载："商业邑人所擅长，惟迩年生齿日盛，地之所产不给予用，本埠既无可发展，不得不四出经营以谋生活，邑人之足迹尤以上海为最盛，经商于此者，奚啻二三万人，故有第二故乡之谚。"上海成为宁波人的第二故乡。根据有关材料显示，宁波籍人在上海人中的比例在早期高达70%，直到现在至少有30%的上海人祖籍是宁波。更重要的是，宁波移民在上海早期工商业间处于绝对的领导地位。上海兴起后，宁波籍钱庄以上海为中心在各地普设联号，形成长江流域和沿海一带的金融网络，在各地金融业中占有相当的势力和地位，主要股东多移居上海等地。并在到地商会和钱业同业公会中担任要职。1902年上海设立商业公议所时，一开始就由宁波钱业巨子严信厚担任主持。以后，商业公议所改组为总商会，正副会长也由宁波籍商人担任。仅从这些不多的材料就可以知道正因为宁波移民在上海处于强势地位，因而得以将宁波的生活方式、文化习俗，包括语言和建筑带到上海。宁波红砂石是上海早期石库门的主要材料，它跟随宁波近代建筑业到了上海，并带去了石库门的形式和工艺。

宁波外滩历史街区平面格局可以分为三层：

第一层是外马路，也就是外滩，那里集中了报关行、洋行、银行及服务于港口的各种机构等西洋式办事机构、商贸楼建筑。

第二层是消费区，主要服务于来往的船商和从事海运的流动人员的生活消闲，在中马路有饭店、酒楼、诊所、牙科、娱乐场所、照相馆、理发店、百货店等生活配套设施。

第三层是后马路，也就是今天人民路，这是生活居住区，集中了小菜场、南北货店等，当时的菜场有380多个摊位，海员、码头工人、商贩等大多数居住在这里，这里的居住区把许多差不多的单体民宅连成一片，纵横排列，然后又按总弄和支弄作行列式的布局，从而形成一个个社区，一个个近代石库门建筑群。

三条主要街道——外马路、中马路、后马路为骨架，百余条巷道垂直或交叉分布在街道两侧，形成层次分明、脉络清晰的街巷格局。主要街道承担着交通组织、社会生活、经济发展的核心作用，巷道是社区组织的基本单元，依用地条件灵活伸展。宽约3.1～5.5米，巷道1.5～2.8米，灵活布局。沿主要街道两侧分布商业服务设施，沿巷道两侧布局住宅院落，街道—巷道—宅院构成了公共空间—半公共空间—私有空间的三级空间结构，形成清晰的街区社会组织的基本模式。

外滩历史街区现存建筑除了西洋式办事机构、商贸楼建筑外的民居多建于清末至民国时期，建筑形态形成了与江南水乡环境、气候条件以及当地审美情趣相适应的质朴素雅、活泼自然的建筑形态特征，融实用、经济、美观于一体。为适应江南的气候特点，民居在单体上以木构一、二层厅堂式的住宅为多，住宅布局多穿堂、天井、院落。构造为瓦顶、空斗墙、观音兜山脊或马头墙，形成高低错落、粉墙黛瓦、庭院深邃的建筑群体风貌。大路两侧多为二层的店铺建筑，前店后厨，楼上是居寝之所，临河的建筑一般有踏渡水埠一直通到水面。商铺、院落与小巷，古桥，驳岸，河埠头、石板路、过街亭等等富有水乡特色的建筑小品，可惜许多小河已被填满，历史居住环境只能从文献中查找。

四 利用近代建筑文化遗产可持续发展，弘扬城市文化、提升城市品位

近代建筑风貌正是宁波的文化资源优势，真正把这些需保护的文物作为文化资源充分利用起来，使其发挥应有的社会效益、

经济效益。以近代文物建筑作为优势旅游资源，可持续发展利用好近代建筑，使具有外滩中西文化相结合固有特色的资源，经科学规划，重点建设，形成亮点、热点。可以概括为：体现三个文化；可持续发展利用好这批建筑珍品。

1. 体现三个文化

（1）近代港口文化

三江口是进入宁波古城的门户，是中国最古老的港口之一宁波港的所在地。它位于中国海岸线的中段，唐开元二十六年（738年）正式开港，是宋代三大港口之一。鸦片战争后，宁波被辟为"五口通商"口岸之一，英法等国采用夺取主权，建立据点，霸占海关，控制港口，垄断航运，推行洋化的手段，把宁波港扭曲成半殖民地性质的港口。外滩是近代宁波港历史的见证，也是浙江省唯一现存的能反映港口文化的外滩。能够体现近代港口文化，时至新中国成立前留下的遗迹有：

①领事馆、巡捕房、太古洋行、三北公司等；

②从海关大楼（中马路166号）至英国领事馆（白沙路96号）沿甬江一带，有海关大楼、宁波邮政局、西餐厅、英商洋行、葆三房子、教会用房、江北堂、浙海关、英国领事馆及位于白沙的83371部队内的教会学校建筑等。

（2）近代建筑文化

宁波外滩上遗存的大量19世纪末至20世纪初的建筑物反映了丰富多彩的西式和中西结合的建筑风格，有古典希腊式、古罗马式、哥特式、文艺复兴时期的巴洛克式、中西合璧式和中国固有式，宁波外滩犹如一部活化的近现代建筑史。主要有：

①银行、金融建筑，如1930年建即中国通商银行宁波分行是一座早期钢筋混凝土结构建筑还有1934年建的浙东商业银行等；

②领事馆等办事机构建筑，如1844年建的大英领事馆是一座英国式的西洋建筑，还有浙海关和1927年建的宁波邮政局为仿古罗马式结构建筑；

③宗教建筑，有江北堂、天主教堂等；

④文化教育类建筑，如1935年建的浙东中学，其大门及办公楼均保存完好；

⑤医疗建筑，如1935年建的仁济医院手术室，为早期的钢筋砼建筑，共二楼，一楼为敞开式大厅，二楼为手术室，手术室屋面中间有采光面积

较大的人字坡玻璃顶，非常有特色；

⑥名人故居，1908年建的宁波"煤炭大王"谢恒昌宅、俞佐宸宅、严信厚、严了均宅、虞康茂宅等；

⑦里弄住宅，宁波的里弄住宅受到上海里弄住宅的影响，许多是仿照上海石库门式里弄住宅的式样兴建，如"恒裕坊"，宅门都用石库门，门上饰有尖券形山花或规则的几何图形；还有颍川卷一带的石库门建筑群。

（3）"宁波帮"儒商文化和宁波近代工商业者的重要居住场所

"宁波帮"企业家群体的崛起是近代中国工商界一个引人注目的现象。浙东学派的一代宗师黄宗羲早就提出过"工商皆本"的思想，近代众多的宁波籍企业家顽强拼搏艰苦创业，从中孕育了一批饮誉国内外的经济能人，形成了颇具影响的企业家群体一宁波帮，并由此赢得了"无宁不成市"的赞誉。宁波外滩上还遗存着大量的近代宁波帮知名人士的住宅，大多数为花园式洋房，建筑装饰中西合璧或以西式为主。主要有：

①宁波帮祖鼻严信厚、严子均宅；

②原和丰纱厂老板，新中国成立后曾任宁波市副市长的俞佐宸宅；

③曾任上海总商会会长的朱葆三宅；

④原煤炭大王谢恒昌宅；

⑤新中国成立前中国汽车运输行业大亨钱齐云宅；

⑥宁波动力机厂前身、顺记机器厂老板徐荣贵宅。

2. 利用近代建筑珍品可持续发展，弘扬城市文化、提升城市品位

纵观宁波现存的近代优秀建筑，它们是近代宁波历史发展的实物见证，它们的形成是帝国主义列强侵略的产物，但作为建筑本身，又凝聚着多少人的智慧，其所塑造的精美艺术，体现了中西文化的交融，无疑是名城文化中一份珍贵的遗产。然而随着市场经济的发展，大批近代建筑因其地处市区，条件优越，经济价值极高，面临被拆、改、建的劫难，部分已遭人为建设性破坏。在宁波外滩历史文化保护区内，沿街建门，破墙开店，甚至建造高层现代建筑，使优雅环境氛围、景观惨遭破坏，并有愈演愈烈之势。另外，年久失修，自然损坏也是不可忽视的因素。因此，如果再不引起全社会和上级有关部门重视，不及时加强保护，采取措施，这批文化遗产将毁于一旦。如何保护这批建筑珍品，显然不仅是文物部门一家之责，而是全社会面临的严肃而现实的课题。

（1）保护的整体思路

宁波外滩天主教堂外马路历史街区是宁波历史文化名城的重要组成部分，以其典型的风貌特色体现着它的历史文化价值，反映着城市历史发展的脉络。补充江北岸地区除原"天主教堂外马路街区"之外的以下区域：

①原轮船码头和沿江一带以及人民路与大庆南路之间，尚保留有一批近现代西式和中西结合的建筑，大部分是19世纪中叶至20世纪上半叶，在江北岸地区从事商贸活动的宁波工商业人士如严信厚、朱葆三等的宅第，它们以单体或群落形成散布于这一地区。

②人民路与大庆南路之间的历史建筑群落，与沿江一带殖民时代建筑及码头商埠建筑相呼应，共同成为反映近现代政治、经济、文化发展的缩影，是"百年江北"历史文化的活的灵魂。保护这些历史建筑群落，对宁波（尤其是江北区）城市风貌特色的形成至关重要。应公布为宁波外滩历史街区新的补充内容，并结合这一带的开发，统一规划、优化利用。留有一定范围的院落作为腹地，并在其外围留出过渡带，与外滩历史街区一带开发地段保持风貌的协调。

整体格局和传统风貌的保护。应对该历史地段的特色充分调查研究的基础上，强化对整体格局和传统风貌的保护。保护建筑多进式的平面布局、坡屋顶优美的群体组合及和谐淡雅的色彩。

街巷空间格局是历史地段的特色之一。应保护现有的街巷结构、走向、空间尺度、空间结点及路面铺装形式，并通过街巷空间的组织，加强水一街一传统建筑的有机联系，延续街巷空间的多样化功能特色。并应保护古井、古树名木等文物小品，以烘托环境景观和文化氛围。

历史建筑的保护和整治。传统建筑的保护根据其所处的保护区域、建筑价值、建筑性质、建筑质量，分别制定针对性的保护、整饬、更新原则和措施，力求尽量多保存真实的历史信息。对各级文物保护单位、文物保护点及历史文化价值较高的优秀传统建筑（近代建筑）须按照《中华人民共和国文物保护法》的相关规定适行保护，在保护过程中必须严格遵守"不改变文物原状"的原则，并根据文物建筑的残损情况，按照《文物工程管理办法》的规定进行修缮。历史地段内大部分建筑应保持和恢复原有的用途。非临街的民居应继续保持其居住功能。但对于民居内居住拥挤、环境条件差、不适应现代生活等问题，可以采取搬迁部分居民，降低居住密度，对空间进行功能化改造，改善基础设施等措施，创造宜人的居住环境。

（2）历史建筑的可持续发展利用

应综合考虑建筑历史上的使用功能、现状和整体功能的发展要求等因素，将建筑的保护、生活环境的改善和地段社会经济文化发展等方面有机结合起来，才能体现"有效保护，合理利用"的原则。对于价值较高的各级文物保护单位、文保点等，可以根据其现状布局特点改造成专题博物馆和陈列馆，在保护过程中搬迁现有单位、居民或降低居住密度，按文物保护要求进行修缮，根据所确定的文化特征组织陈列展览，赋予新的活力。

163

①开辟各类专题性博物馆，宁波外滩历史文化街区以其众多的优秀近代建筑构成了一座敞开式的近代建筑博物馆，这些近代建筑包括有传统式建筑、中西合璧式建筑、西洋式建筑，还有英国风格的或法国风格的建筑，在每一幢建筑物上镶嵌说明牌，具体说明建筑物建造时间、风格特色、设计者、施工单位等，以便游人能享受到独特的近代建筑文化。其次可根据建筑物内曾住过重要历史人物或发生过重要历史事件等，开辟成各类小型专题性博物馆，如宁波巡捕房旧址经整修后，可以开辟为宁波近代史陈列室，以凝重、浑厚、历史感强的设计格调，点、线、面相结合，大量采用照片、雕塑、实物、图表相结合的展示手法，来反映该历史条件下的宁波人民苦难史和反抗精神，其中一楼定为巡捕房实物、场景展厅，征集当时所用的刑具、枪支弹药、手铐、巡捕人员衣服，并制作严禁刑逼打的场景、关押"犯人"的牢房等，尽可能复原再现当年的历史画面，达到教育、感召后人，缅怀历史，营造出一个重温历史、感怀历史的环境；

②以文养文，充分发挥"两个效益"，地处闹市区的近代优秀建筑，在保护为主的前提下，利用街面房子的优势，开办各种类型的文化气息浓郁，具有旅游观赏价值的特色商店。如把靠近轮船码头的宏昌源号老店铺开辟成文化商场，专门经营地方名、特、优旅游产品，使其发挥出应有的经济效益；

③对一批名人故居，除开辟纪念馆外，经维修和内部适当改造后，尽可能的再现原貌，可作为高级的旅馆，以吸引中外游客旧地重游；

④鼓励不同类型的经济实体投资到近代优秀建筑保护事业中来，如由建筑企业来投资开办宁波近代建筑发展史陈列馆；由邮政系统开办宁波邮政发展史陈列馆及个人开办宁波近现代生活用品陈列馆等。

参考文献：

[一] 张传保、陈训正、马瀛等修纂：《鄞县通志》，民国二十二年修，二十六年完成。

[二] 陈志华：《外国建筑史》，中国建筑工业出版社，2010年。

[三] 张复合主编：《中国近代建筑研究与保护（2）2000年中国近代建筑史国际研讨会论文》，清华大学出版社，2001年。

[四] 宁波市地方志编纂委员会编，俞福海主编：《宁波市志》，中华书局，1995年。

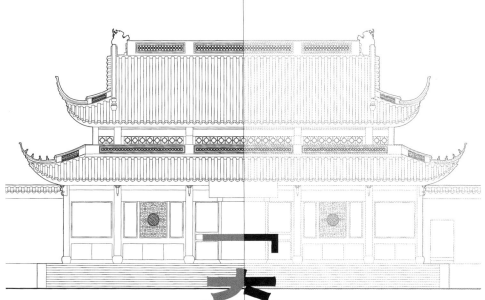

「奇构巧筑」

陆

【宋元江南地区与日本佛教寺院的文化交流】

郭黛姮·清华大学建筑学院

摘　要：中国宋代江南地区政治经济繁荣，形成了以五山十刹为优秀代表的佛教寺院建筑，一些来中国留学的佛教僧人将此时江南地区的建筑文化带回日本，对日本佛教建筑的发展产生了重大影响，先后出现"大佛样"和"禅宗样"。通过分别对比福建宋代建筑与日本大佛样建筑、浙江宋代建筑与日本禅宗样建筑，不难发现其中的历史渊源与关系，由此可以得出结论，福建、浙江地区在历史上与日本等海外诸多地区进行了广泛的文化交流，在宋代以佛教建筑为载体的中日佛教界的文化交流取得了辉煌的成果。其中，浙江保国寺大殿在研究宋代建筑向日本传播的问题时是不可忽视的重要实例。

关键词：五山十刹　宋代建筑　大佛样　禅宗样　文化交流

一　宋代江南地区中日佛教界的往来

中国江南地区早在公元10世纪，经济已相当繁荣。到了12世纪初，南宋王朝以临安（即今天的杭州）为都城，这里成为政治中心，对佛教文化发展也具有重要影响。当时临安寺院众多，《咸淳临安志》中曾写道"今浮屠、老氏之宫遍天下，而在钱塘为尤众，……合京城内外暨诸邑寺以百计者九，而羽士之庐不能什一"[一]。南宋嘉定年间（1208～1224年）朝廷"品第江南诸寺，以余杭径山寺、钱塘灵隐寺、净慈寺、宁波天童寺、育王寺为禅院五山。钱塘中天竺寺、湖州道场寺、温州江心寺、金华双林寺、宁波雪窦寺、台州国清寺、福州雪峰寺、建康灵谷寺、苏州万寿寺、虎丘寺为禅院十刹"[二]，是为宋代佛教寺院建筑的优秀代表。当时，一些来中国留学的佛教僧人以浙江为必选之地，例如著名的日本僧人重源上人、荣西、义介等人皆先后来到这里，并将浙江等地的宋代佛教寺院建筑文化带回日本，对日本佛教建筑的发展产生了重大影响。与此同时中国佛寺高僧也曾出访日本，如五山寺院中的径山寺就有兀庵普宁、无学

[一] [宋]潜说友：《咸淳临安志》卷七十五，寺观一。《四库全书》。

[二] [明]田汝成：《西湖游览志》余卷十四。《四库全书》。

祖元、大修正念、镜堂圆觉等人及僧人圆尔（1202～1280年）等皆前往日本传法。

二 日本留学僧人与日本寺院建筑

日本学者曾经指出，1180年（南宋淳熙七年）奈良东大寺的寺院被烧毁，东大寺的复兴是由于重源入宋归来所取得的经验，在东大寺的复兴建筑上，重源所采用的技术做法和意匠是来自中国，这种新的技术与日本原有者不同，称之为"大佛样"。镰仓时代从中国传来了禅宗，也传来了复合其教义的新的建筑式样，这种建筑式样是中国建筑式样的第二次输入，称之为"禅宗样"，对日本佛教寺院产生了很大影响。

重源上人（1121～1260年）在宋乾道三年至淳熙三年（1167～1176年）曾三次入宋，游遍天台、国清及江南诸寺，回国后主持重建日本奈良东大寺。并与擅长于木工、冶炼、造船的中国匠师陈和卿合作，铸造佛像，建造佛殿。陈和卿开始被重源聘为铸造匠师，东大寺的大佛铸成后，又聘陈和卿担任东大寺的"总大工"，陆续完成了东大寺大佛殿、南大门、回廊、中门等建筑，促成了日本大佛样的出现。

荣西（1147～1215年）曾访问天童寺、阿育王寺、国清寺等，并于绍熙元年（1190年）随天童寺新任主持虚庵入寺学习，当获知欲建千佛阁，便称"他日归国，当致良才以为助。"绍熙二年（1191年）搭乘宋商商船返国，两年后"果致百围之木若干，挟大舶，泛鲸波而至焉"[一]。荣西还撰写了

《吃茶养生记》对日本"茶道"文化有重要影响。

义介，对禅宗的寺院尤为重视，并于南宋淳祐八年至宝祐四年（1248～1256年）绘成《五山十刹图》带回日本。图中涉及的中国禅宗五山寺院布局的史料有天童寺、灵隐寺、万年寺的平面草图，寺院个体建筑记有径山寺、灵隐等寺的僧堂平面草图，径山寺法堂剖面草图，金山寺众寮平面草图，金山寺佛殿立面草图，何山寺钟楼立面草图。此外还有室外门窗装修的草图，如天童寺的版门、欢门，室内装修有金山寺转轮藏构造草图。其所反映的寺院建置状况，即采用七堂伽蓝式，中轴线布置有山门、佛殿、法堂、方丈，两侧库院、僧堂、浴室等，日僧还把当时平面特点编成语录："山门朝佛殿、库院对僧堂"。南宋这些佛寺建筑的许多特点为日本佛教寺院所仿效，尤其是日本的禅宗五山寺院，其中日本1253年所建的建长寺的平面最为典型（图1）。另外日本京都东福寺在1243年由宋僧圆尔开山，创建时期的东福寺是禅宗、天台宗、真言宗兼学的寺院。东福寺按照宋代寺院形态建置，虽因火灾其中的部分殿堂烧毁，但三门、僧堂免于罹难，至今还可以看到镰仓时代寺院前部的雄伟容貌。不过其中三门在镰仓末年也曾被烧，经过重建，这座高两层的建筑，屋顶采用九脊顶（入母屋造），五开间中央三间开门，上层安置释迦牟尼佛坐像和十六罗汉，这些特征仍然是南宋风格的大门[二]（图2），东福寺三门所呈现的情况与浙江明州天童寺在绍兴（1131～1161年）初期所建的山门如出

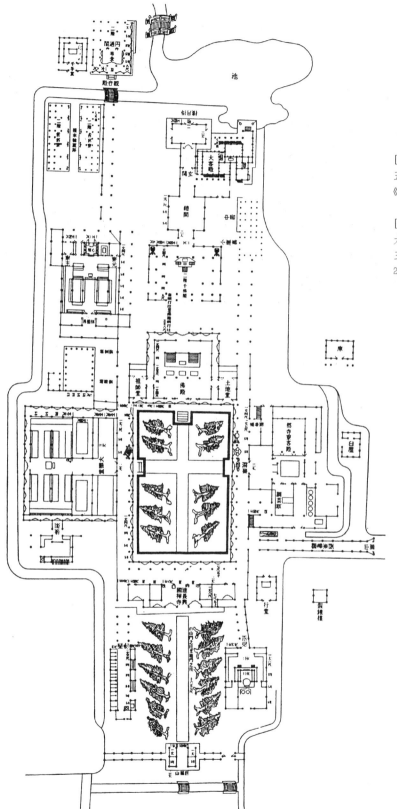

图1 日本建长寺平面图

[一] [宋] 楼钥：《攻媿集》卷
五十七,《天童山千佛阁记》,
《四库全书》。

[二] [日] 铃木嘉吉：《国宝
大事典》, 关口欣也《东福寺
三门》, 讲谈社, 1985 年, 第
281 页。

169

陆·奇构巧筑

图2　京都东福寺三门

一辙，文献曾载有当时的山门状况"门为高阁，延袤两庑，铸千佛列其上"[一]。

作为寺院个体建筑采用禅宗样的日本现存实例如神奈川的圆觉寺舍利殿、和歌山的善福院释迦堂、山口的功山寺佛殿等建筑皆与宋元浙江地区的佛殿有着密切联系。

三　浙江、福建现存的宋代寺院与木构建筑

（一）浙江禅宗五山寺院建筑

日僧义介所记南宋禅宗五山寺院，虽然至今已面目全非，但据中国保存的文献记载尚可了解其寺院建置状况及一些主要建筑情况，现选取其中的三座寺院做一简要介绍。

1.临安径山寺

径山寺为五山第一位；该寺位于临安县（今余杭县）之北40里的径山山巅，寺院所处地段形势"奇胜特异，五峰周抱，中有平地，人迹不到"[二]。唐中叶有国一禅师法

钦（714～792年）在此结草庵，于大历四年（769年）前后升为径山寺，到五代末已具有为屋三百楹之规模[三]。入宋后备受官方重视和支持。南宋时期著名高僧大慧宗杲于绍兴七年（1137年）入寺，僧众达2000人，该寺从此步入兴盛时期，随之出现建设高潮，首先于绍兴十年（1140年）建造千僧阁，为僧人坐禅、起居的主要场所。绍兴十七年（1147年）下一代住持，高僧真歇清了建大殿，龙游阁、圆觉阁等。庆元五年（1199年）寺院失火，嘉泰元年（1201年）重建。寺院新建工程分三区布列，中部一区"宝殿中峙，号普光明，长廊楼观，外接三门，门临双径，驾五凤楼九间，奉安五百应真，翼以行道，阁列诸天五十三善知识"[四]。这是寺院的核心群组，山门在前，佛殿在后，两侧有长廊及楼观。《径山寺记》称并"造千僧阁以补山之阙处"，千僧阁"前耸百尺之楼，以安洪钟。下为观音殿，而以其东、

西序庋毗卢大藏经函"。百尺楼实为一钟楼，按惯例位在寺院山门内东侧。而观音殿的位置从其带有东西序之特点分析，应在中轴线上，以放在普光明殿后为宜。《径山寺记》中还有"开毗那方丈于法堂之上，复层其屋以尊阁"之句，说明法堂是楼阁式建筑，方丈在法堂之后。中轴线上的建筑依次为：山门、普光明殿、观音殿、法堂、方丈。

中轴东侧的建筑有百尺楼，并"凿山之东北，以广库堂"，还于"东偏为龙王殿……"。中轴西侧的建筑，有云堂、供水陆大斋的西庑、千僧阁。此外还有选僧堂等次要建筑。据上述可对径山寺的总体布局有一概括的印象（图3-1）。到了绍定六年（1233年），寺院再次失火，紧接着又一次重建，而法堂幸免于难，这座寺院中的建筑在《五山十刹图》中绘出了法堂的剖面图（图3-2），对

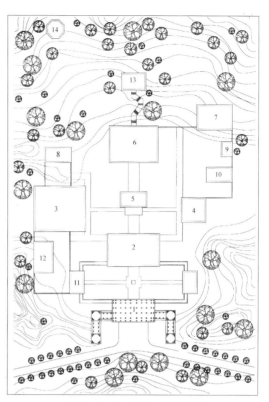

171

图3-1 临安径山寺平面图

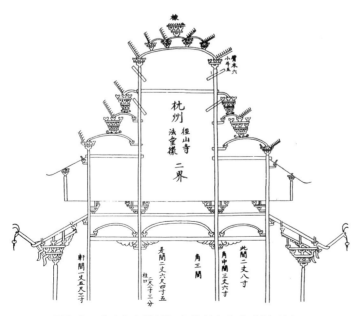

图3-2 《五山十刹图》中的径山寺法堂剖面图

[一][宋]楼钥：《攻媿集》卷五十七《天童山千佛阁记》，《四库全书》。

[二][宋]潜说友：《咸淳临安志》卷二十五《山川四·径山》。《四库全书》。

[三][宋]楼钥：《攻媿集》卷五十七《径山兴盛万寿禅寺记》。《四库全书》。

[四][宋]楼钥：《攻媿集》卷五十七《径山兴盛万寿禅寺记》，下简称《径山寺记》。《四库全书》。

于了解整个建筑群的规模尤为珍贵，从图中看出法堂进深为五间，有前后廊，高两层，一层带副阶，二层进深三间，外檐之外挑出一附廊。现据此对法堂作一复原想象图如下（图3-3～3-5），从法堂与周围建筑的尺度关系来看，法堂面宽定为五间带周围廊比较合理。

2.临安灵隐寺

灵隐寺为五山第二位，该寺位于临安（今杭州市）西部武林山，其后为北高峰，"东晋咸和元年梵僧慧理建"，后经毁、建，并于元丰年间重建寺院，"于宋真宗景德四年（1007年）赐称景德灵隐禅寺"[一]。北宋末大殿于宣和五年被烧毁，同年九月重

172

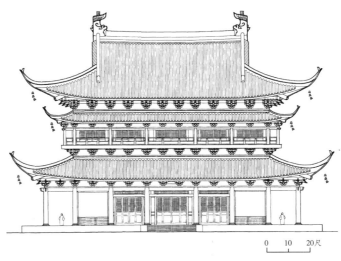

图3-3　径山寺法堂复原立面图

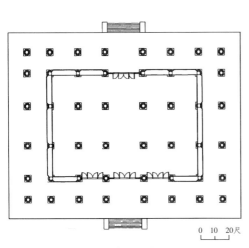

图3-4　径山寺法堂复原平面图

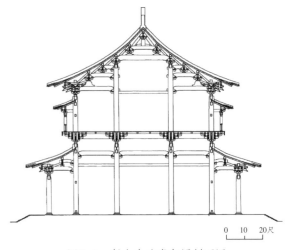

图3-5　径山寺法堂复原剖面图

建。现据日僧义介于南宋末所绘《五山十刹图》可窥见这座寺院布局之概况（图4）；寺的中部有山门、佛殿、卢舍那殿、法堂、前方丈、方丈、坐禅室等建筑，于中轴线上依次排开，第一进院落较大，东西两厢置钟楼、轮藏，后部在法堂与方丈两侧东为土地、西为檀那、祖师等殿，以上诸殿构成中轴群组。除此之外，东、西各有数组建筑，其中主要殿堂位于佛殿两侧，西部有大僧堂（大圆觉海）、僧寮及僧人生活用房，东部有库堂（内放韦驮像）、香积厨、选僧堂等。寺院总体布局因地形所限，成横向展开之势。寺院前临冷泉溪流，有飞来峰、冷泉亭，入寺香道从东侧切入。该寺此后又经历多次灾异，现存山门为清同治年间所建，大殿为宣统年间重建，天王殿为1930年之物，大慈阁为1917年所建，现已拆除。山门及大殿两侧建筑也有较大改变。规模难与南宋相比，宋代建筑无一存留下来，仅有那九里松林之香道，和冷泉、溪流所构成的幽雅环境，尽管历尽沧桑仍然显示着无穷的魅力。

[一]《康熙灵隐寺志》卷二。

3. 明州天童寺

天童寺为五山第三位，位于浙江鄞县太白山麓，距宁波市30公里。其始建于西晋永康年间（300～301年）。北宋景德四年（1007年）赐"天

173

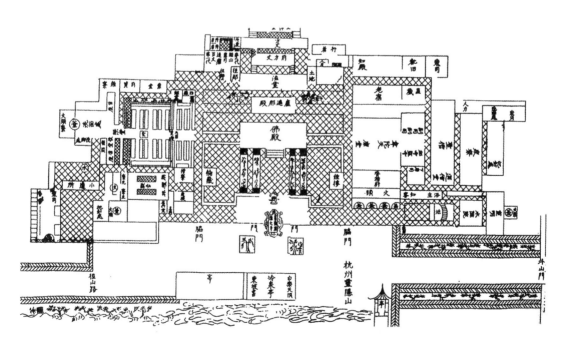

图4　《五山十刹图》中的灵隐寺平面图

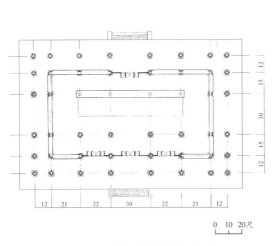

图5-1 天童寺千佛阁复原平面图

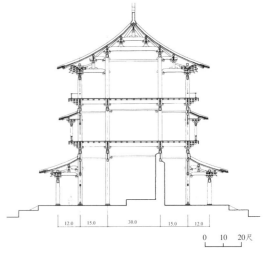

图5-2 天童寺千佛阁复原剖面图

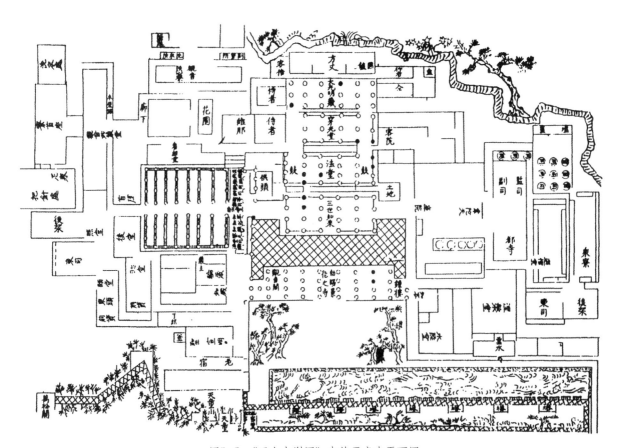

图5-3 《五山十刹图》中的天童寺平面图

童景德禅寺"之额。南宋建炎三年（1129年）曹洞宗著名高僧宏智正觉入寺，寺院僧众从200人增至2000人。绍兴二年（1132年）正觉主持大规模的建设活动，在山门"前为二大池，中立七塔，交映澄澈"[一]。同时重建了山门，"门为高阁，延袤两庑，铸千佛列其上"，还建造了卢舍那阁及大僧堂。这座僧堂规模很大；"前后十四间，二十架，三过廊，两天井，……纵二百尺、广十六丈，窗牖床塌，深明严洁"[二]，至绍兴四年（1134年）完成。淳熙五年（1178年）又"起超诸有阁于卢舍那阁前，复道联属"[三]。绍熙四年（1193年）寺院住持虚庵怀敞改建千佛阁，并曾得日僧荣西支持。千佛阁为一座七开间三层之宏伟楼阁，据《天童山千佛阁记》称此阁"凡为阁七间，高为三层，横十有四丈，其高十有二丈，深八十四尺，众楹俱三十有五尺，外开三门，上为藻井，井而上十有四尺为虎座，大木交贯，坚致壮密，牢不可拔。上层又高七丈，举千佛居之，位置面势，无不曲当，外檐三，内檐四，檐牙高啄，直如引绳。……周延四阿，缭以栏楯"。千佛阁之壮观雄丽在当时可算是数一数二的，现绘制想象图以得具体概念（图5-1、5-2）。这座楼阁尺度超过现存楼阁遗物。遗憾的是宝祐四年（1256年）被烧毁了，以后又有多次毁建，大约在明代以后规模缩小。南宋时代是天童寺空前繁盛时期，"梵宇宏丽遂甲东南"[四]。

《五山十刹图》对南宋盛期的寺院总体布局作了简要记录（图5-3），当时该寺分成三大部分，中部沿中轴布局的建筑有山门、三世如来（即佛殿）、法堂、穿光堂、大光明藏、方丈等，佛殿西侧以大僧堂（图中为云堂）为中心，并有轮藏、照堂、看经堂、妙严堂及若干附属建筑。佛殿东侧以库院为中心，库院内供韦陀，并有水陆堂、云水堂、涅槃堂、众寮及附属建筑。从寺院总体布局中，可以看出寺院在向横向扩展中，形成了僧堂与库院相对的格局，并与佛殿共同连成一条横向轴线，这种纵横正交的十字形轴线布局成为南宋禅宗寺院的理想布局方式。

天童寺依太白山势自下而上层层迭起，寺前古松夹道，超脱世俗回归自然的环境特色在宋代已经形成。"游是山者，初入万松关，则青松夹道凡三十里，云栋雪脊层见林表，而倒影池中，未入窥楼阁，已非人间世矣"[五]。

（二）浙江明州（宁波）保国寺

现代浙江的禅宗五山寺院仍然存在，但由于天灾的干扰，其中的建筑已经没有宋代当年遗物，只有浙江宁波保国寺大殿是现存的中国江南唯一的宋代建筑（图6-1、6-2），从整个寺院平面还可寻觅到宋代特点（图6-3）。

[一][清]《嘉庆天童寺志》卷二《建置考》引[宋]楼钥《天童山千佛阁记》。

[二][清]《嘉庆天童寺志》卷二《建置考》。

[三][宋]楼钥:《天童山千佛阁记》。原载《嘉庆天童寺志》。

[四]《宝庆四明志》卷十三，《鄞县志》卷二，《寺院》。《四库全书》。

[五][宋]楼钥:《天童山佛阁记》。

保国寺虽然在宋代并非禅宗大寺，但其平面在中轴线上具有"山门、佛殿、法堂"的建置，这可能是当时中国浙江佛寺布局常见的形式。

1. 保国寺概况

保国寺位于宁波市西北二十里的灵山，寺院周围丛林密布，虎溪回环，寺院创建于汉代，佛教信徒舍宅为寺，初名灵山寺。唐武宗会昌五年（845年）废，僖宗广明元年（880年）再兴，北宋祥符六年（1013

图6—1 明州（宁波）保国寺鸟瞰

图6—2 保国寺大殿

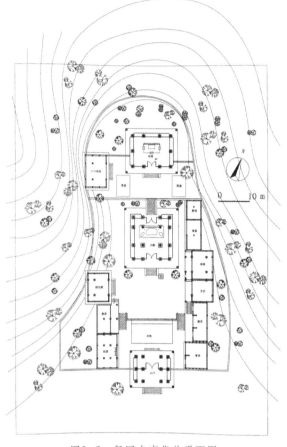

图6—3 保国寺宋代总平面图

年） 建成佛殿、天王殿，接着陆续建方丈室、祖堂，朝元阁。至南宋，绍兴年间（1131～1162年）建法堂、净土池、十六观堂等。现在仅有大殿保存了宋代原构。

2. 大殿的建筑特色

现存建筑面宽为21.66米，通进深19.85米，采用重檐九脊顶。从平面看，核心部位，面宽、进深各三间的部分为宋代所建，其四周是清康熙二十三年（1684年）所添加的部分。佛殿上檐为宋式构架承托。清代添建的下檐，另立柱梁支撑。该殿只有正立面带前廊并设有门窗，两山、背立面后门两侧皆作实墙。门窗构件也皆为清代补装。

大殿上檐构架四榀皆为宋代原物，当心间宽5.8米，次间宽3.05米，通面宽11.9米。心间与次间两者之比为3.7：2，接近3：2，是宋代建筑中常见的开间划分类型。据此斗栱布列采用当心间为补间铺作两朵，次间为一朵的类型。

　　保国寺大殿宋代构架型制为：八架椽屋，前三椽栿、中三椽栿、后乳栿用三柱（图6-4），通进深13.36米。前后内柱不同高，前内柱直达平梁端，后内柱仅达三椽栿端部中平槫之下。前檐柱与前内柱间为礼佛空间，天花作平棊、平闇、藻井等装修，三椽栿露明于天花以下，采用月梁型。构架中部的三椽栿置于内柱之上，为佛坛所在的空间。在佛坛后部的空间设有乳栿，由此可通往大殿后门。大殿中部在佛坛前后的空间，梁栿皆为月梁，当年为彻上露明造。

　　构架的纵向联系构件较多，在前内柱间，有阑额、两内额、两素方；柱头以上还有襻间两道。后内柱间有内额、四道木方叠落而成，柱头以上有襻间方一道。另外，在各槫下还设襻间方、蜀柱间设有顺脊串（图6-5）。

　　构架中所用斗栱共有15种类型（图6-6）。

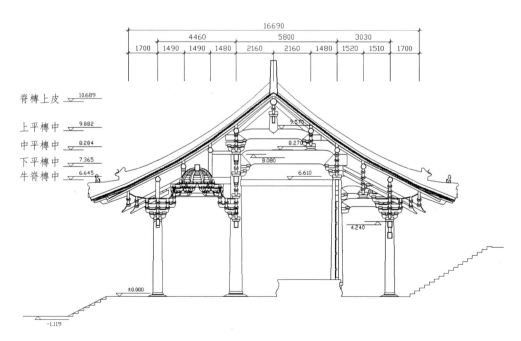

图6-4　保国寺大殿宋代横剖面图

（1）前檐柱头铺作：为七铺作双杪双下昂，下一杪偷心，其余各跳皆单栱计心，里转出一杪，栱长两跳，承大梁（三椽栿）。外跳两下昂尾伸入平闇后，"自槫安蜀柱以插昂尾"。这种做法被90年后宋代官方文献《营造法式》列为标准做法。

（2）大殿的补间铺作：外跳与柱头铺作相同，前檐里跳出三跳华栱承托藻井。后檐及东侧山面的里出四跳华栱，上置靬楔，承下昂尾。西侧山面的里挑出五跳华栱，承下昂尾。

（3）前内柱间内额上补间铺作：前内柱间内额上的斗栱，只有向前挑出的半边栱，自栌斗口内出华栱三跳，上承藻井。正心位置有三层内额及扶壁栱（图6-7）。

（三）福州华林寺大殿

华林寺位于福州市，建于五代吴越钱弘俶十八年（964年），名"越山吉祥院"，当时寺内有山门、大殿、法堂、回廊、经藏等，明正统九年（1444年），御赐匾额"华林寺"。正德年间（1506～1521年），将附近的罗汉院、越山庵等并入，并经清代重修，后仅有大殿存世，并于20世纪80年代向前移动重建，但殿身仍为原构。构架型制类似《营造法式》中的"八加椽屋前后乳栿用四柱"形式，当心间广6.48米，两次间广4.58米，通进深14.58米。大殿空间原貌依据柱身遗存的榫卯卯口分析，门窗设于前内柱及后檐柱间，两山有墙，此为室内空间。前檐柱

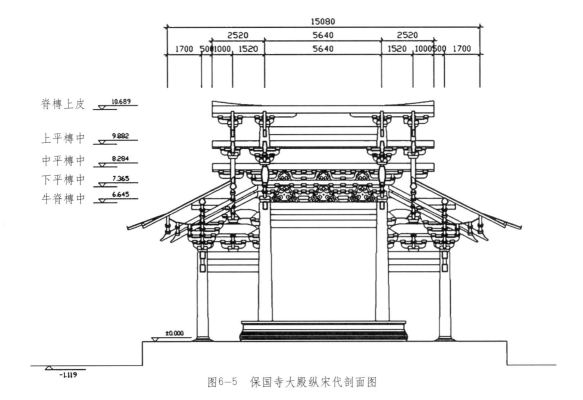

图6-5 保国寺大殿纵宋代剖面图

图6-6 保国寺大殿前檐铺作

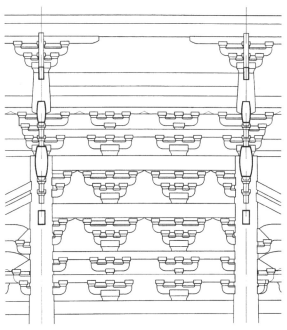

图6-7 保国寺大殿内柱间屋内额上斗栱

与前内柱间为空廊（图7-1、7-2）。

大殿斗栱外檐各柱柱头皆设有柱头铺作，补间铺作仅置于前檐，当心间用两朵、两次间各一朵。外檐铺作型制为七铺作双杪双下昂，里转出双杪，下一杪偷心造（图7-3）。其中的要头也做成下昂形式，并平行于昂身向上斜至下平槫。内柱柱头铺作以出三杪华栱支撑四椽栿，斗栱后尾抵达外檐柱头铺作昂尾及要头后尾。

大殿构架表现出福建地域特点之处有以下几处

1.所有梁栿仅构架中的四椽栿置于内柱柱头铺作中（图7-4），前后檐柱间的乳栿、山面的丁栿均为梁首插入斗栱，梁尾插入内柱柱身（图7-5）。

2.所有的梁栿断面皆为近似圆形，并将底面铲平，并沿着梁身边缘微微上凹，四周凸起边线，两端作如意纹形状。梁栿两端断面减小至斗栱的一材，梁上皮及两侧的轮廓随之削成弧面（图7-6）。

3.斗栱中的斗靠底面处带有皿版遗迹，下昂昂头成曲线轮廓（图7-7），昂尾承受下平槫传来的荷载。

4.山面中柱昂尾达中平槫，外檐铺作里转出两杪后，上部有栱头形鞾楔三重，直抵下昂尾（图7-8）。

图7-1 福州华林寺大殿　　　　　图7-2 华林寺大殿前檐乳栿 图7-3 华林寺大殿前檐铺作

图7-4 华林寺大殿室内四椽栿　　　　图7-5 华林寺大殿室内内柱铺作

图7-6 华林寺大殿乳栿及斗　　图7-7 华林寺大殿下昂　　图7-8 华林寺大殿山面中柱上的下昂尾与栱头形鞾楔
　　　拱细部

（四）莆田元妙观三清殿

三清殿并非佛殿，由于其建筑年代属于南宋时期，故在此作为案例介绍。据《兴化府莆田县志》载"宋大中祥符二年（1009年）奉敕建，名天庆观"，后改名元妙观。其中的三清殿虽经重修，当中三开间保存了宋代遗构。四缝梁架形制接近《营造法式》中的"八架椽屋前后乳栿用四柱"的类型，但细部做法为《营造法式》所不载，但大多与华林寺大殿相似，具有福建地域建筑特点。现在所见外貌为后世修缮后的状况（图8-1），室内中部仍为宋代原构（图8-2～8-4）。

梁栿断面形状及做法与华林寺相似，仅脊槫加粗，用一组斗栱支承，斗栱的下部有两条弧形短木，伏于平梁之上，斗栱的上及各槫之下有异形栱。

构架中外檐配列的斗栱，采用单补间。而内槽仅有扶壁栱，为双补间。斗栱用材比例瘦高。

1. 外檐柱头铺作：采用七铺作双杪双下昂，二、四跳计心，里转出双杪偷心造。昂尾及耍头后尾与内柱柱头铺作华栱后尾分层相抵。里跳出双杪承乳栿（短梁），乳栿前伸充当柱头铺作中的华头子（图8-5）。

2. 外檐补间铺作：外跳同柱头铺作，里跳出华栱三杪及栱头形䫋楔，承下昂尾等构件。

3. 内柱柱头铺作：仅施三杪华栱，偷心造，华栱里跳承四椽栿，后尾与外檐柱头铺作昂尾相抵。最上一跳华栱外伸，出花瓣形栱头。

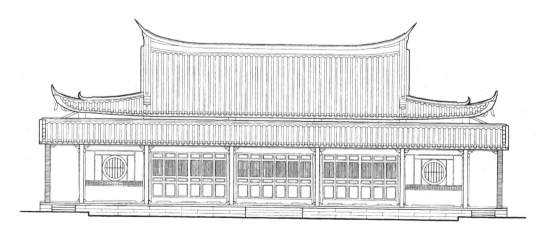

图8-1　莆田元妙观三清殿立面图

0　1　2　3米

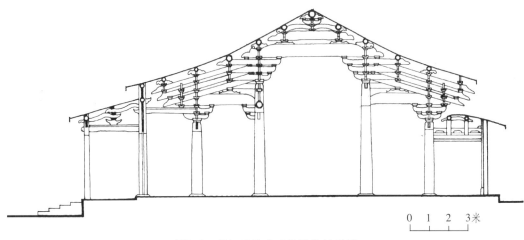

图8-2　莆田元妙观三清殿横剖面图

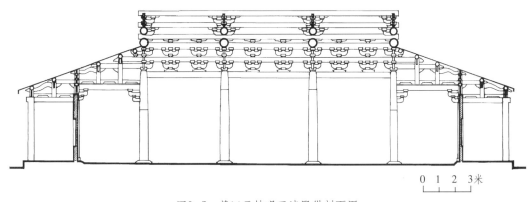

图8-3　莆田元妙观三清殿纵剖面图

图8-4　莆田元妙观三清殿室内　　　　　　图8-5　莆田元妙观三清殿斗栱

4. 内檐补间铺作：皆无出跳栱，仅施和单栱素枋两重。

此殿的斗、栱、昂等构件的出头均作成曲线，卷瓣，斗底有皿板。其与华林寺大殿不同的是栱端皆作四瓣卷杀，每瓣内凹，成一弧面。

四 福建华林、三清二殿与日本大佛样之比较

日本现存的大佛样建筑有建于1192年的兵库县净土寺净土堂，1199年的东大寺南大门等。从上述的华林寺大殿和元妙观三清殿所表现的福建宋代建筑的特点，可以看出两者的相似之处：

（一）构架

净土寺净土堂是一座三开间的建筑（图9-1、9-2），室内有四根内柱，这座建筑的结构主要构架置于当心间外檐檐柱与内柱之间（图9-3、9-4），型制与宋《营造法式》中的厅堂型建筑相似，属于"十架椽屋前后三椽栿对四椽栿用四柱"类型（图10）。净土堂的檐柱与内柱之间的空间较大，使用的是三椽栿，两内柱之间使用的是四椽栿，但椽架短，四椽栿的长度小于三椽栿。这与华林、三清二殿有所不同。净土堂三椽栿与上部的两椽栿、劄牵之间仅用蜀柱来承托，华林的前檐乳栿之上无蜀柱，劄牵由内柱柱头的斗栱后尾的方木来替代，后檐乳栿及三清殿则用驼峰及斗栱来承托。净土堂梁栿皆做近似圆形的断面，梁下部皆削成内凹的平面，这点与福建这两座建筑相同。

东大寺南大门构架与宋代大门类建筑不同，门的外观为两层屋檐（图11-1），实际柱子直通到第二层（图11-2、11-3）。构架最上部使用的四椽栿

图9-1 兵库县净土寺净土堂

图9-2 兵库县净土寺净土堂室内

及平梁，这与三清殿相似。南大门使用多层"顺栿串"，在中国古代殿堂型建筑中一般在栿的方向仅有一条顺栿串，不过在构架的纵向，每个槫之下往往都使用"攀间枋"（一种通长木方），用以将两榀梁架联系起来，对加强构架的整体型具有重要作用。

大佛样建筑在檐部采用方椽，未做飞椽。这与福建两殿也是相同的。

（二）斗栱

净土堂与奈良东大寺南大门，斗栱多作插栱，将承托梁栿的栱插入柱身。从栌斗口内出跳的栱，仅见于净土堂内柱柱头，这与福建的两座建筑完全不同，华林、三清二殿仅在乳栿和丁栿后尾使用插入内柱的丁头栱承托，其他梁栿皆需使用一朵柱头斗栱承托，并将梁栿之首深入柱头斗栱中，充当其中的一

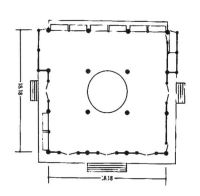

图9-3　兵库县净土寺净土堂平面图

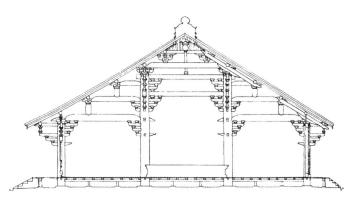

图9-4　兵库县净土寺净土堂剖面图

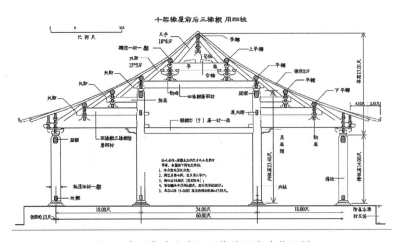

图10　宋《营造法式》记载的厅堂建筑图样

图11-1　奈良东大寺南大门

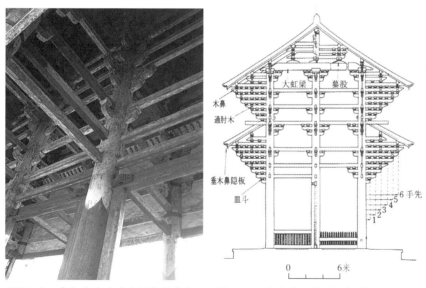

图11-2　奈良东大寺南大门柱梁构架　　图11-3　奈良东大寺南大门剖面图

个构件。如《营造法式》的构架图样所示。

　　大佛样建筑的斗栱细部与华林、三清二殿有诸多相似之处，如斗底带有皿版。栱身轮廓圆和，无栱瓣卷杀，栱眼上楞抹出斜面等。净土堂的斗栱类似耍头的构件端部以及从栌斗口伸出的栱头、插入柱身的栱头等出皆刻成花瓣型（图12-1），与华林、三清二殿中的下昂前端的花瓣型线脚相似。

图12-1 兵库县净土寺净土堂插栱等
　　　 细部做法

图12-2 兵库县净土寺净土堂模型剖面

（三）细部处理

大佛样建筑的梁栿类构件端部形式，如同华林寺大殿斗栱中的下昂前端的花瓣型线脚者，可见多处。在净土堂的三椽栿插入柱后，伸出的梁尾，净土堂的游离尾垂木端部最为相似。在东大寺南大门四椽栿和平梁两端、斗栱中的一些构件端头也都可以见到类似的处理（图12-2、13-1、13-2）。

日本大佛样建筑仅仅与中国福建省之建筑关系密切，虽然福建靠海，与海外联系方便，但其必定落后与政治、经济发达的都城。由重源引入宋代地方匠师的技术，随着重源的去世便在日本消失了，取而代之的是下一代的日本留学宋僧，带来的南宋更加成熟的新技术，即禅宗样建筑。

图13-1 奈良东大寺南大门斗栱

图13-2 奈良东大寺南大门斗栱细部

五 浙江宋代寺院建筑与日本禅宗样之比较

浙江宋代的木构佛教建筑与日本禅宗样建筑关系更为密切，从现存的保国寺大殿和宋官方颁发的《营造法式》有关宋代建筑做法，可以看出两者的渊源关系。保国寺大殿早在1013年已经存在，并被称其"为四明诸刹之冠"，大殿所在的明州（宁波）在宋代，尤其在南宋为重要海港，是入宋留学僧人和出海僧人的必经之路，因此在研究宋代建筑向日本传播的问题时，保国寺大殿是不可忽视的实例，另外浙江地区稍晚的佛殿如金华天宁寺大殿，武义延福寺大殿也具有一定价值。再有北宋官方1013年颁发的《营造法式》在南宋初曾进行重刊，《营造法式》成为南宋建筑技术依托的文献。现就这些史料来讨论江南木构佛殿与日本禅宗样佛殿的关系。

（一）柱、梁关系

在木构殿堂中，构架型制取决于梁柱关系，建筑的内外柱高度是否相同，会引起柱与梁的关系发生变化，在内外柱同高时，宋代建筑称此为殿堂式构架，当内外柱不同高时，称为厅堂式构架。宋构建筑在处理梁柱关系时，将梁分成两类，一类为承受屋盖等荷载者，名为"梁"，处在与建筑正立面垂直的方向，这种梁在屋顶之下将几层长度不同者叠落在一起，他们与柱子共同构成一榀榀"梁架"。殿堂式构架中处在柱头部位的梁，首、尾都要伸到一朵朵斗栱之中，通过斗栱搭在柱子上。如果在大殿周围设有副阶，由于副阶上部的屋盖只有半边，所以副阶处的梁会将梁尾插入大殿檐柱柱身（图14-1）。厅堂式构架由于内柱升高，只有梁首伸到斗栱中，梁尾则要插入柱身，这时一榀梁架中大多数的梁都会有一端直接插入柱子（图14-2）。

构架中的另一类构件名为"额"，处在与梁垂直的部位，它们直接插入柱子，不必伸到斗栱中，当插入柱头时，名"阑额"，插入柱身时，名"由额"。

日本的禅宗样建筑的构架大都采用了类似中国厅堂式构架，即内柱升高体系，例如圆觉寺舍利殿，是一座五开间重檐歇山顶建筑（图15-1～15-3），其上檐露明构架形式相当于"四椽栿对乳栿用三柱"，在梁栿造型方面作成"月梁"，这点与宋代建筑相同，但在处理梁与柱的关系时，与宋代建筑有所不同，无论是垂直于建筑立面的方向的"梁"，还是平行于建筑立面的方向的"额"，均插入柱头或柱身，这可能是大佛样建筑技术的遗留做法。

187

殿堂等七铺作副阶五铺作双槽草架侧样

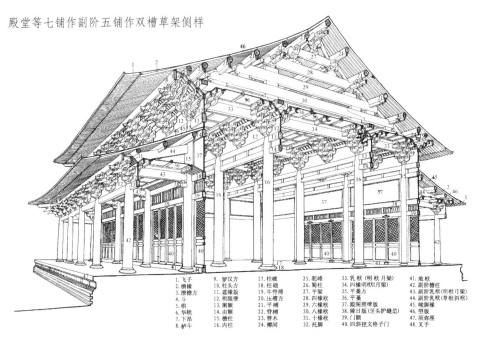

1. 飞子	9. 罗汉方	17. 柱栿	25. 驼峰	33. 乳栿（明栿月架）	41. 地栿
2. 橑檐	10. 柱头方	18. 柱磉	26. 平梁	34. 四椽明栿(月梁)	42. 副阶檐柱
3. 橑檐方	11. 遮椽版	19. 牛脊搏	27. 平梁	35. 平暮方	43. 副阶乳栿(明栿月梁)
4. 斗	12. 栱眼壁	20. 压槽方	28. 四椽栿	36. 平暮	44. 副阶乳栿(草栿斜栿)
5. 栱	13. 阑额	21. 平搏	29. 六椽栿	37. 殿阁照壁版	45. 峻脚椽
6. 华栱	14. 由额	22. 脊搏	30. 八椽栿	38. 障日版(牙头护缝造)	46. 塑版
7. 下昂	15. 檐柱	23. 替木	31. 十椽栿	39. 门额	47. 须弥座
8. 栌斗	16. 内柱	24. 椽间	32. 托脚	40. 四斜毬文格子门	48. 叉手

图14-1 《营造法式》殿堂型构架

厅堂八架椽屋前后乳栿用四柱

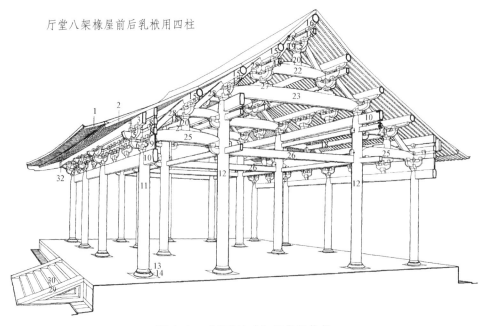

图14-2 《营造法式》厅堂型构架

其他的禅宗样建筑皆采用"月梁"，是宋代高档建筑的首选式样。

（二）柱梁与斗栱（又称"铺作"）关系

斗栱在构架中有的置于柱头之上，称为柱头铺作，有的放在柱间之阑额之上，称为补间铺作，柱头铺作由于要与梁首进行组合，其里跳与补间铺作出现了不同的变化。但斗栱中的栌斗不会产生变化，当梁首深入斗栱时，可以充当华栱、华头子甚至于耍头，也可以直接进入栌斗的斗口，梁头做成华栱或耍头，但无论哪一种，梁下皮的高度一定在栌斗斗口之上。

图15-1　镰仓圆觉寺舍利殿外观

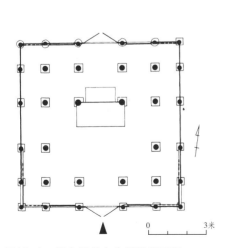

图15-2　镰仓圆觉寺舍利殿平面图

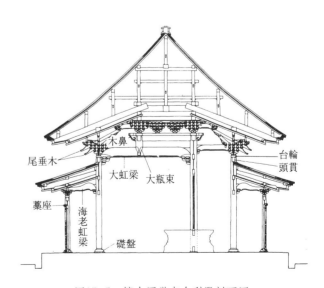

图15-3　镰仓圆觉寺舍利殿剖面图

陆·奇构巧筑

日本禅宗样中，可以见到大梁梁首下皮与普拍枋下皮同高，上皮在栌斗口位置，如神奈川的圆觉寺舍利殿（图15-4），正福寺地藏堂与此类似，梁首下皮更低，在普拍枋下皮位置，上皮则越过栌斗口（图16）。被认为是"中世禅宗样建筑的雄作"[一]的广岛的不动院金色堂，将一朵朵斗栱置于阑额及普拍枋之上，梁与斗栱没有关系，与阑额同高，两者同时插入柱子（图17）。

（三）斗栱

1. 斗栱布局

中国宋代斗栱布局，从平面上看，依据殿堂中柱子的多少，在柱网的纵向轴线上布置斗栱，在建筑的开间方向依据开间宽度确定布置几朵补间铺作，大体有3种类型，当开间相等时，每间设置一朵或两朵，在当心间放宽时，常常采用的是当心间宽为次间的1.5倍，这时当心间用补间铺作两朵、次间为一朵。如果开间不等，则争取开间的递减值相近，使斗栱的间距变化在"一尺"的范围以内。

日本禅宗样佛寺殿宇都使用了斗栱，其布局方式与中国南宋寺院大体相同，在外檐的铺作中，常见采用当心间置补间铺作两朵、次间置一朵，如神奈川圆觉寺舍利殿、东京正福寺地藏殿、和歌山善福院释迦堂、山口功山寺佛殿等，斗栱间距保持在基本相等或大体相近的状况。室内内柱上布置斗栱的实例如圆觉寺舍利殿，在当心间，内柱柱头与立在四椽栿上的蜀柱之间设置平梁和木枋，其上置补间铺作斗栱，与此同高的内额之上也采取同样做法，这种处理与宋代建筑设置室内天花的手法相同（图18），可称其为"平棊"，宁波保国寺大殿在当心间藻井两侧的平棊与此类似，是在梁上安置斗栱与阑额上的斗栱从纵横两个方向组合而成，只不过整体为长方形（图19-1、19-2）。

2. 斗栱构成

日本禅宗样佛殿的斗栱，多采用类似中

图15-4　镰仓圆觉寺舍利殿室内

图16　东京正福寺地藏堂室内斗栱

图17　不动院金堂室内

190

图18　镰仓圆觉寺舍利殿内部斗栱与平棊

图19-1　保国寺大殿室内藻井

国的华栱与昂组合的计心造类型，这与大佛样不使用昂，只用多层出挑栱的状况不同，"下昂"的功能在于可以使屋顶出檐增大，屋顶檐口下压，有利于建筑的遮风挡雨。下昂从受力方面来看，具有杠杆作用，昂头承托屋顶悬挑部分的重量，昂尾承受屋顶荷载，两者达到平衡。上昂的使用可以使斗栱里挑借助上昂直接承托下昂后尾，免去斗栱里跳使用多重横栱，可节约木材。在宋代楼阁建筑中挑出平座时，喜用上昂，可将荷载直接传给柱子。

[一]［日］铃木嘉吉:《国宝大事典》，关口欣也:《不动院金色堂》，讲谈社，1985 年版第285 页。

191

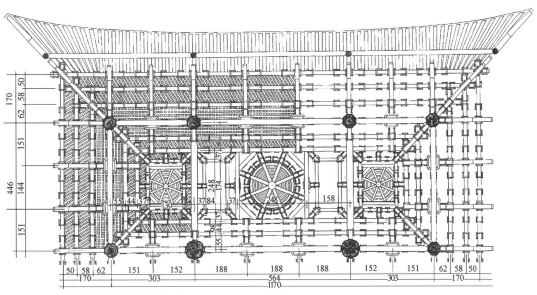

图19-2　保国寺大殿藻井与平棊平面

计心造是南宋时期斗栱的显著特征，可以有助于一朵朵斗栱之间的联系，从而形成"铺作层"在构架中有助于加强构架的整体性。

日本禅宗样建筑中普遍使用下昂、上昂，比大佛样的斗栱有着更好的受力效果。其中，山口功山寺佛殿的斗栱（1320年）与南宋佛殿的斗栱最为接近，其殿身构架采用"当心间用补间铺作两朵，次间用一朵"（图20-1），每朵为"六铺作单杪双下昂，里转出双杪，计心造"形式（图20-2），在下昂尾下部的装饰，类似保国寺大殿斗栱所见的"䫜楔"，副阶斗栱比殿身铺作减小。其次是岐阜永保寺开山堂（1352年，图21）。另一种是在一朵斗栱中下昂与上昂并用，如和歌山善福院释迦堂（1327年）为"五铺作单杪单下昂计心，里转出单杪偷心"（图22），此类浙江的金华天宁寺大殿中的斗栱做法（图23）。另外有一种将"下昂"、"插昂"、"上昂"三者同时出现在一朵斗栱中的例子如神奈川圆觉寺舍利殿

（图24）、东京正福寺地藏殿的斗栱（1407年，图25），插昂在宋代江南建筑中少见，中国北方建筑使用"插昂"的实例较多，且《营造法式》有所记载，但将三者并用当属日本建筑匠师独创之作。

（四）木装修

在《五山十刹图》中记载了关于中国五山佛殿的木装修，是极其宝贵的史料，例如图中所绘天童寺、金山寺佛殿立面使用的睒电窗、欢门（图26），在中国现存的佛殿中只在晚期的江南寺院中有所保存，宋元时期的建筑这种做法已经无存，而在日本禅宗样建筑中尚存多处，如圆觉寺舍利殿、不动院金堂、正福寺地藏堂均可见到（图27）。

在佛殿木装修中的转轮藏，是宋代佛寺中常见的装修，《五山十刹图》中绘有金山寺的转轮藏，中国尚存有南宋时期的遗物，即四川江油飞天藏（1180年，图28），日本岐阜的安国寺经藏（1408年）与其非常相似（图29）。

图20-1　山口功山寺佛殿

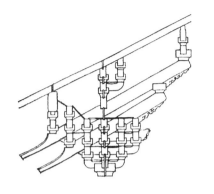

图20-2 山口功山寺佛殿斗栱

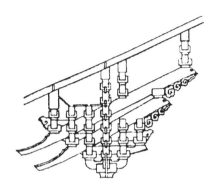

图21 岐阜永保寺开山堂斗栱

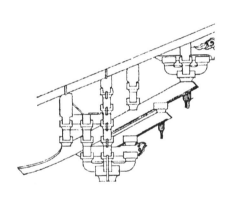

图22 和歌山善福院释迦堂斗栱

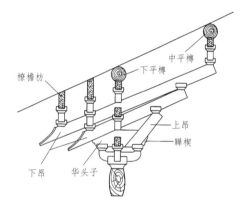

图23 浙江金华天宁寺大殿斗栱

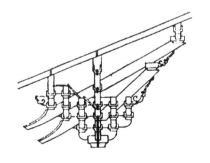

图24 镰仓圆觉寺舍利殿斗栱

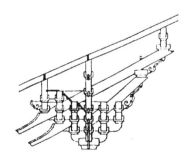

图25 东京正福寺地藏殿斗栱

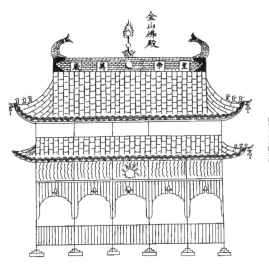

图26 《五山十刹图》中所绘金山寺佛殿
立面中的欢门与睒电窗

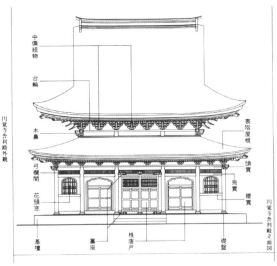

图27 镰仓圆觉寺舍利殿立面图中
的欢门与睒电窗

图28 四川江油飞天藏立面

图29 岐阜安国寺经藏

194

五 小 结

浙江、福建地区在历史上与海外诸多地区进行了广泛的文化交流，在宋代以佛教建筑为载体的中日佛教界的文化交流取得了辉煌的成果，从中体现出两国人民的友谊和智慧，今天回忆起这千年之前的建筑技术的传播，特别是能看到当年两国僧人、匠师们的智慧，令我感到无比兴奋。今天能有机会与日本同行和朋友进行交流、学习，请允许我在此感谢元兴寺的日本朋友之邀请，让我们铭记历史上中日人民的友好交往的辉煌篇章，希望今后两国人民世世代代友好，重铸新的辉煌。

（本文为2014年11月8日在日本"元兴寺的再生——镰仓时期极乐坊的建立与新技术"特展中的演讲稿）

【结合中日遗构探讨昂装饰性的演变】

温　静·东京大学

摘　要：昂是东亚体系木构建筑重要的构造节点，伴随大木构架的结构发展，外檐铺作中所使用的昂也逐渐发生变化，其总体趋势表现为装饰性不断增强。现存中日古代木构建筑中呈现的多样化的用昂形式，恰体现了昂的结构性与装饰性此消彼长的演变过程。本文通过考察柱头铺作与补间铺作中的昂的发展过程，试图解读各类型装饰性昂的产生背景，及中日遗构各自的传承与发展，探求斗栱形式及其变迁背后所蕴含的古人对斗栱装饰性的理解。

关键词：昂　装饰性　补间铺作　禅宗样

195

在研究东亚体系木构建筑时，不论取其构造机能还是装饰意义，昂都是判别一栋建筑的时代和等级的重要构件之一。昂又分为上昂和下昂，张十庆先生指出"上、下昂从受力性质及作用等方面看并非同类构件，在源流上似也无多少关联"[一]，然而在其各自的发展过程中，上昂与下昂体现了同样的发展趋势，即从结构性构件向装饰性构件的演变。

汉宝德先生曾提出中国建筑在10世纪以后"斗栱的机能转移到补间铺作，而在形式上亦以补间为主，柱头反过来模仿补间"[二]，这一论点虽有其局限性却提出了柱头铺作和补间铺作在机能和形式上存在着相互的转换和影响。如将视点聚焦于昂上，也可以发现柱头铺作的昂与补间铺作的昂同样在机能和形式上发生了多次互换。以下，本文即以现存中日古代木构建筑为主要研究对象，对其柱头铺作和补间铺作中的上、下昂分别进行分析，试图解读各种形式的昂的产生和变化，最终梳理出昂装饰性的演变过程。

一　柱头昂装饰性的演变

1.早期殿堂式与厅堂式的柱头下昂

刘致平先生和杨鸿勋先生考察了斗栱的起源，指出下昂应是来源于

[一] 张十庆：《南方上昂与挑幹作法探析》，《建筑史论文集（第16辑）》，清华大学出版社，2002年，第31页。

[二] 汉宝德：《斗栱的起源与发展》，境与象出版社（台北），1988年，第105页。

"橑"的构件[一]，内承屋面外挑屋檐。在柱头和补间有所区分之后，这种原始昂必然率先应用于柱头结构，现存日本法隆寺几例遗构上还可见这种由梁头直接承托的原始昂。我国遗构中这类原始昂虽少有留存，但早期殿堂式与厅堂式建筑中可见脱胎于原始昂的不同形态的结构性下昂。

针对北方殿堂式构架，陈明达先生率先提出横架与纵架的概念，指出北方早期遗构如佛光寺大殿、独乐寺观音阁，以及其后的释迦塔，里挑第一跳乳栿都为外檐和身槽内柱头铺作的一部分，并和其他贯通横材一起组成了横架。这一横架将外檐柱头铺作与身槽内柱头铺作紧密地连接在一起，作为

斗栱构件的同时，又组成了建筑构架[二]。现存唐代与辽代的出昂建筑无一例外用双抄双下昂，昂尾穿乳栿之上直达草栿下皮。事实上，根据乳栿的形式还可将这些遗构细分为以下两个类型，也许恰代表了结构发展的不同阶段。佛光寺大殿与独乐寺观音阁属于第一种类型，乳栿出头成为柱头铺作的第二跳华栱，相当于柱头铺作的第三铺；而镇国寺万佛殿、奉国寺大殿和释迦塔下两重屋檐为另一种类型，其乳栿作为柱头铺作的第四铺，承于第二跳华栱的跳头上，如果乳栿出头即会成为华头子（图1）。

以上这些使用横架的建筑中[三]，昂尾都不直接承槫，其长短直接取决于草栿的位

196

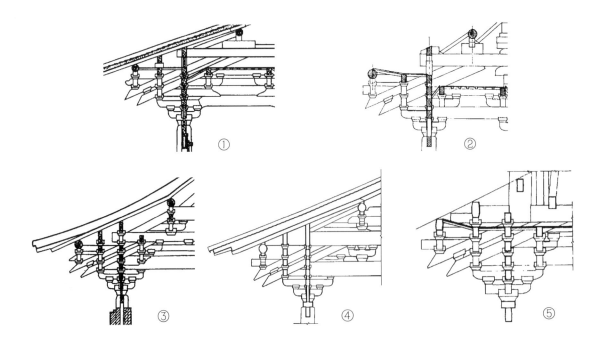

图1 横架建筑下昂与乳栿的位置关系
类型Ⅰ：①佛光寺大殿（唐857年）②独乐寺观音阁（辽984年）
类型Ⅱ：③镇国寺万佛殿（五代963年）④奉国寺大殿（辽1020年）⑤佛宫寺释迦塔初层（辽1056年）

置，以实例看来佛光寺大殿的草栿与檐榑同高，而镇国寺万佛殿以后的遗构草栿大多在檐榑水平线以下，因此横架建筑的昂尾位置并无统一。

几例南方早期厅堂遗构则显示出不同于以上殿堂建筑的诸多特征。如福州华林寺大殿、肇庆梅庵大殿和莆田元妙观三清殿，乳栿施于外檐柱头铺作第二跳上，双昂穿乳栿之上，昂尾直达下平榑缝止于内柱柱头方。昂尾压于横材下这一特征与殿堂下昂略为相似，然而由于厅堂外檐柱头下昂必然与内柱柱头铺作产生直接联系，因此昂尾位置都固定在平榑缝下。以上三例南方遗构虽然年代古老，呈现的却是已趋于成熟的厅堂式下昂作，而年代稍晚的保国寺大殿则保留了更为原始的下昂（图2）。

保国寺大殿由于前后槽架深不同且前后内柱不等高，因此在外檐柱头铺作上采用了两种昂尾处理方式，也分别代表了厅堂式下昂作的不同发展阶段。大殿后檐及山面内柱分位的柱头铺作与华林寺大殿等类似，止于内柱柱头方，区别只在保国寺的昂尾均长达两架。而大殿前檐柱头铺作则呈现了更为原始的做法。首先，唯有前槽乳栿施于柱头铺作里跳第一跳

[一] 刘致平：《中国建筑的类型和结构》，中国建筑工业出版社，1987年，第60页。杨鸿勋：《斗栱起源考察》，《建筑考古学论文集》，文物出版社，1987年，第264页。

[二] 陈明达：《营造法式大木作研究》，文物出版社，1981年，第136～139、200～201页，图版16～17。

[三] 陈明达先生曾指出奉国寺大殿为混合式架构，因此将奉国寺大殿看作部分使用横架的建筑应属妥当。

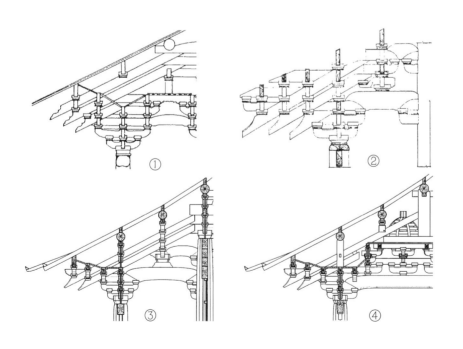

图2 厅堂建筑昂尾的两种类型

类型Ⅰ：①华林寺大殿（五代964年）②梅庵大殿（宋996年）③保国寺大殿后檐（宋1013年）
类型Ⅱ：④保国寺大殿前檐（宋1013年）

上，外跳出头作第二跳华栱；而其他方向的梁头都乘柱头铺作里跳第二跳上，出头作华头子。其次，支撑檐槫的矮柱立于第三跳昂身上，支撑下平槫的矮柱则立于第四跳昂身上，第四跳昂尾一直延伸到中平槫缝，插入槫下矮柱柱身，如此一来橑檐枋、檐槫和下平槫都由下昂直接承托，呈现极简朴的原始结构形式。

2. 出现于柱头的插昂与假昂

陈明达先生在考察佛光寺大殿、独乐寺观音阁和释迦塔之后，注意到随时代发展其乳栿断面逐渐增大，陈先生揭示这一现象的本质"在于增大本来属于斗栱构件的乳栿，到宋代、宋代以后，乳栿继续增大，同时斗栱用材又逐渐减小，于是从量变到质变"[一]，最终从斗栱的一部分发展为成熟的乳栿。

虽然乳栿断面的增加使其不再是斗栱构件的一部分，但乳栿依然穿入柱头铺作，直至《营造法式》[二]成书，五铺作以上的官式做法依然是昂尾穿梁栿之上[三]。南方建筑到元

代仍继承并发扬了这种居于昂尾下方的梁，江南地区现存的两例元代厅堂遗构恰能够说明梁身与昂尾的关系。武义延福寺大殿与金华天宁寺大殿外檐铺作都用单抄双下昂（图3），其中天宁寺大殿乳栿乘柱头第一跳跳头上，双昂昂尾都穿入屋内；而延福寺大殿的乳栿则承于柱头里跳第二跳上，梁头抬高导致下一昂的后尾为其所挡，止于柱心缝。

"月梁之于南北构架，于北方殿堂而言是退化，于南方厅堂而言是强化"[四]。唐代至辽代以后，北方殿堂建筑在木构架简约化的普遍趋势下，出现了如宋代正定隆兴寺摩尼殿、平顺青莲寺大殿、平顺龙门寺大殿、晋祠圣母殿，以及金代佛光寺文殊殿、朔州崇福寺弥陀殿等将明栿草栿合为一体架设于斗栱之上的做法（图4）。这些遗构大多梁头直接出头作为衬头方，因此柱头昂尾过正心一线即止，下昂的里跳几乎完全退化。

依据构造发展的原理可以推断，柱头上里跳退化的下昂，即是插昂做法的前身。

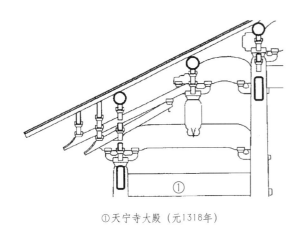

①天宁寺大殿（元1318年）　　　　　②延福寺大殿（元1317年）

图3　月梁高度对下昂昂尾的影响

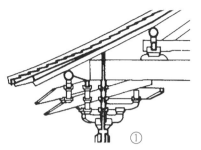

①青莲寺大殿（宋1089年）

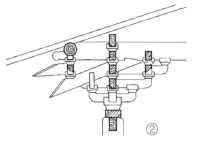

②佛光寺文殊殿（金1137年）

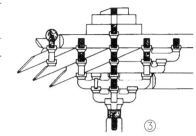

③崇福寺观音殿（金1143年）

图4　北方建筑里跳退化的下昂

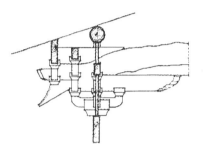

图5　少林寺初祖庵大殿的柱头插昂

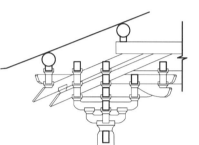

图6　高平崇明寺中殿（宋991年）隐刻昂身的华栱

199

《法式》中记载了插昂用于四铺作的情况，并且规定"凡昂上坐斗，四铺作、五铺作并归平"[五]。现存少林寺初祖庵大殿柱头五铺作用插昂（图5），昂上坐斗低于正心水平，保留了下昂外跳降低跳高的结构功能，可以说反映了真昂向插昂转变的中间形态，而《法式》则标志了插昂作为纯装饰性构件的成立。南方建筑早在建造于宋996年的广东肇庆梅庵大殿上即已出现插昂，代替外跳第二抄华栱显示了纯粹的装饰性。在装饰性插昂定型之后，则顺理成章演变为假昂。

　　关于假昂的出现，另外值得关注的一例是山西高平崇明寺中殿（图6），在其柱头里跳和补间里外跳上都出现了隐刻昂身的代替华栱的长材[六]。崇明寺中殿柱头铺作为双抄双下昂七铺作，补间铺作是由柱头枋出跳的四铺作，柱头补间的组合类似于佛光寺大殿及镇国寺万佛殿，然而崇明寺中殿的补间铺作并没有像这两例遗构一样止于罗汉枋而是一直挑出至橑檐槫，里跳的平棊枋也比同时期遗构距离正心远许多，为避免华栱出跳太远带来视觉上的不安定感，而在长材上隐刻昂身造成出两跳的视觉效果。

　　以上关于装饰性下昂成因的探讨，一方面展示了下昂形态的灵活运用，另一方面也反映了当时以结构需求为优先的时代背景，斗栱构件形

[一] 陈明达：《应县木塔》，文物出版社，1980年，第52～54页。

[二] 以下简称《法式》。

[三] 详见《营造法式》卷三十一图样："殿堂八铺作双槽草架侧样第十一"、"殿堂七铺作双槽草架侧样第十二"、"殿堂等六铺作分心槽草架侧样第十四"、"八架椽屋乳栿对六椽栿用三柱"。

[四] 东南大学建筑研究所：《宁波保国寺大殿勘测分析与基础研究》，东南大学出版社，2012年，第121页。

[五] 详见《营造法式》卷四，大木作制度一，飞昂。

[六] 古代建筑修整所，《晋东南潞安、平顺、高平和晋城四县的古建筑》，《文物参考资料》，1958年，第3期，第35页。

态的演变直接受到建筑结构变化的影响。

3.柱头铺作上昂

梁思成先生在撰写《营造法式注释》时，即指出上昂与下昂的结构功能恰恰相反，意在以尽可能短的出跳距离获得更大的挑高[一]，并没有区分上昂用于柱头或补间时的不同情况。陈明达先生则根据《法式》复原了殿堂式铺作用上昂几种可能的情况（图7），证得了只有金箱斗底槽的身槽内里跳以及屋内用平棊的平坐可能用上昂，并且指出殿堂式建筑用上昂必然是为了制造铺作内外枋之间的高差。

平坐铺作内外枋存在高差的实例无存。然而考察现存殿堂遗构却可以发现，柱头铺作用上昂调节枋高程的做法似乎并不普及。

首先，内外槽平棊枋存在高差的实例可见佛光寺大殿，内槽平棊枋比外槽高三材三栔，却没有在内柱柱头铺作上使用上昂，而是用华栱层层跳出；补间铺作则在外槽用两跳丁头栱，外槽第三铺要头延伸至内槽作为第一跳华栱，从而缩短了内槽的出跳距离。此外，外檐铺作内外枋不同高的例子则有平遥镇国寺万佛殿可考（图8）。万佛殿屋内平棊枋比橑檐枋高一材一栔，也同样没有用上昂，而是在明栿上叠重栱以到达平棊枋的高度；补间铺作则外跳第一跳作丁头栱，外跳第二跳华栱里转作为里跳第一跳，缩短里跳出跳距离。

厅堂式建筑柱头用上昂在我国未见实例，究其原因是我国厅堂建筑多在月梁上立

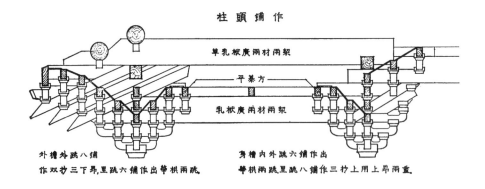

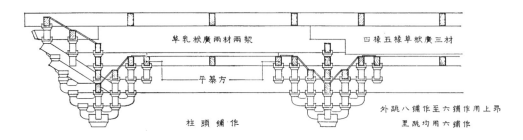

图7 陈明达先生复原的殿堂建筑柱头上昂

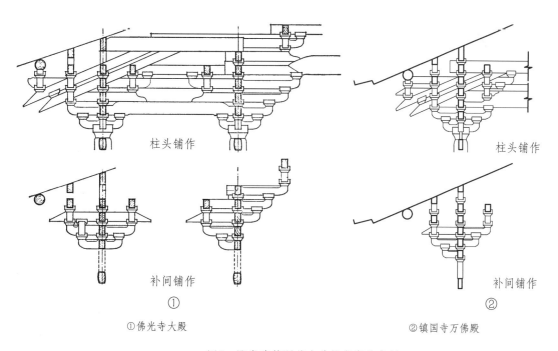

①佛光寺大殿 ②镇国寺万佛殿

图8 殿堂建筑调节内外枋高度的实例

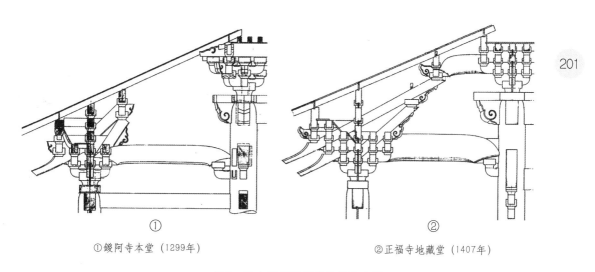

①鑁阿寺本堂（1299年） ②正福寺地藏堂（1407年）

图9 日本禅宗样建筑的柱头上昂

蜀柱与柱头昂尾相搭。而日本禅宗样建筑的主流的做法是月梁上再出上昂撑昂尾，因此大多数日本禅宗样建筑的柱头铺作与补间铺作，除是否与月梁相接之外其里跳形式完全相同，从而形成了佛殿整齐划一的内立面（图9）。此外，更有一部分禅宗样建筑将月梁进一步下移，梁头承于栌斗口甚至柱头，使得柱头与补间里跳在栌斗以上几无差别。由于资料有限，这种月梁上再出上昂的做法究竟是日本建筑独立发展出的形态，还是在大陆建筑样式的发展过程中也曾出现还有待进一步考察。因为在禅宗样建筑传入日本时，日本建筑的小屋组结构已趋于成熟，天花内的草架完全解决了屋

[一] 梁思成：《营造法式注释（卷上）》，中国建筑工业出版社，1983年，第115页。

201

陆·奇构巧筑

面承重，从而为露明部分带来了空前的自由度，在日本建筑普遍追求齐整的思想下产生这种做法也不足为奇。值得注意的一点是，在禅宗样建筑上出现的柱头上昂，无疑是来自已经成熟的补间上昂的影响，而非柱头结构自然发展而来。

二　补间昂作的演变

1. 补间铺作的装饰性下昂

从现存遗构来看，南方建筑补间铺作的发展普遍比北方早。南方华林寺大殿前檐与梅庵大殿早已出现与柱头同铺的补间铺作，但同时期的北方建筑，铺作数小于柱头的补间铺作仍占据主流。即使11世纪以后，辽代建筑依然很少在补间用下昂，如果补间铺作里跳承槫则用华栱层层跳出[一]。金代建筑在继承了北方建筑由殿堂式发展而来的构架体系之后，又深受南方建筑的影响，因而出现了并行的多元化昂作形式（图10），其中有以下两种代表类型：一是柱头用假昂或插昂，补间用真昂承槫，符合各自的结构需求；二是补间铺作依然只承平棊枋，因此补间昂尾同柱头一样止于衬方头以下，或者柱头和补间一并用装饰性下昂。由此可以推断，补间铺作上出现的装饰性下昂应是来自于柱头铺作的影响。

其后这种补间装饰性下昂，与柱头的装饰性下昂一起定型，作为官式做法大量出现在元代及以后的建筑上，体现了后世建筑对下昂形态装饰性的重视。此外，补间装饰性下昂还与补间里跳上昂成对出现，广泛应用于元代江南建筑以及一部分日本禅宗样建筑上，以下就这种补间上下昂并用形式的来源与变迁做一探讨。

2. 补间铺作里外跳的分离

张十庆先生考察了大量实物，在《南方上昂与挑斡作法探析》一文中总结了主要用于补间铺作的上昂与挑斡的形式及变化。本节在先学研究成果的基础上，着眼于补间铺作里跳的结构性上昂与外跳装饰性下昂的分离，来阐述补间铺作上昂作以及江南建筑及日本禅宗样建筑中常见的上下昂并用形式的形成过程。

针对这种上下昂并用的形式，张十庆先生关注了江南地区出现的不平行双下昂，提出江南宋构原为平行昂系统，其间经过不平行双下昂的中间形态，最终下昂的里跳演化为斜撑式上昂。日本学者关口欣也先生在解说日本禅宗样建筑的昂时，也主要针对出三跳双下昂的实例，根据地域分布将其分为关西系与关东系。其中关西系双昂昂尾平行且都通入屋内；而关东系双昂下层外作假昂，上层昂尾通屋内，两昂尾成角度相交。关口先生所描述的"两昂尾成角度相交"事实上即是上昂支撑昂尾的形态。由此不难看出，关口先生亦倾向于将上昂理解为由下层昂尾演变而来。

然而如图11所示，《法式》中列举的补间上昂都是不用下昂里跳单独用上昂的情况，天宁寺大殿补间亦有独立于双下昂昂尾之外的上昂。此外，通过考察中日两国出两跳单抄单下昂的建筑，我们也可发现里跳上昂的独立性十分明确，不似从下昂昂尾演变而来的构件。最典型的如镀阿寺本堂，里跳结构性上昂加挑斡与外跳装饰性假昂完全分离，与我国真如寺大殿的四铺作单下昂补间如出一辙。此外我国用直保圣寺大殿外檐，以及日本善福院释迦堂、酬恩庵本堂、高仓寺观音堂里跳的独立上昂也可作为例证。张十庆先生作为挑斡实例列举的安国寺释迦堂则略为特殊，补间铺作出两跳用单下

[一] 汉宝德先生将这一现象解释为中原华栱体系与南朝昂体系的区别，认为北方建筑更多继承的是中原华栱体系。

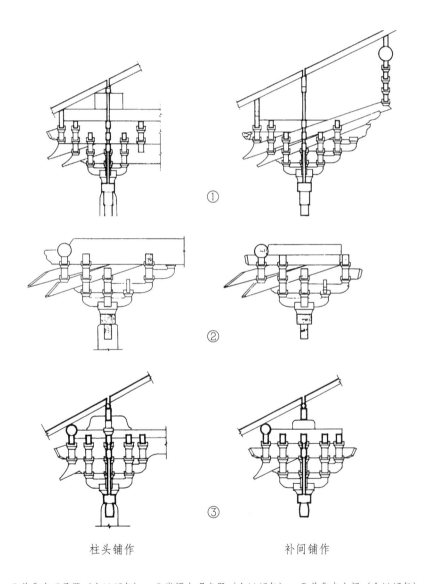

柱头铺作　　　　　　　　补间铺作

①善化寺三圣殿（金1143年）　②崇福寺观音殿（金1143年）　③善化寺山门（金1143年）

图10　金代建筑补间铺作的下昂类型

陆·奇构巧筑

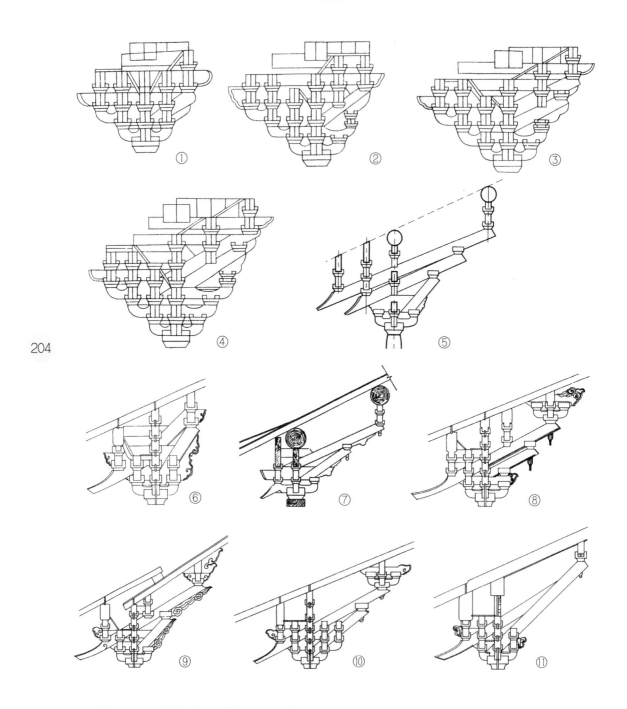

204

①～④《营造法式》上昂侧样（宋1103年）　⑤天宁寺大殿（元1318年）　⑥鑁阿寺本堂（1299年）　⑦真如寺大殿（1320年）
⑧善福院释迦堂（1327年）　⑨酬恩庵本堂（1506年）　⑩高仓寺观音堂（室町）　⑪安国寺释迦堂（1339年）

图11　补间铺作里跳的独立上昂

昂，里跳用挑斡承槫，下昂昂尾虽然通入屋内，却仅仅搭在挑斡上完全不参与里跳结构受力，从中明显可以看出里跳斜撑构造的自立性。因此笔者认为外跳假昂与里跳上昂并用形式的演变过程应为，上昂作为里跳独立构件成熟之后，在简化铺作里跳的趋势下，将双昂下层昂尾省略，其外跳昂头一定程度上受到柱头假昂的影响自然而然也演变为装饰性下昂（图12）。这种形式除作为定型的禅宗样在日本关东地区流传之外，在我国也作为官式做法为后世建筑所继承。

3. 补间上昂的装饰化演变

历金、南宋直至元代，补间里跳上昂定型之后，上昂具有的装饰性也逐渐得到重视。前述中原华栱体系的建筑最终也受其影响，在一些里跳承平棊枋并不需大挑高的补间铺作上，出现了在华栱里跳层层相叠的栱身上隐刻上昂的做法（图13），至此下昂与上昂最终都演变为纯装饰性的符号。

205

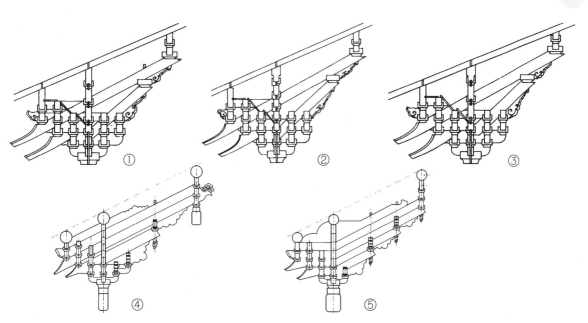

①正福寺地藏堂（1407年）　②西愿寺阿弥陀堂（1495年）　③圆觉寺舍利殿（室町）
④北京社稷坛享殿（明）　⑤《工程做法》平身科（清）

图12　里外跳分离的补间昂作

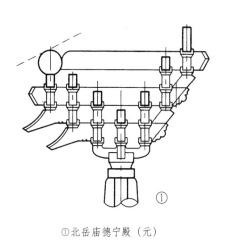
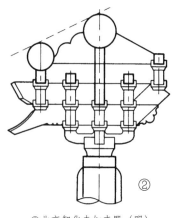

①北岳庙德宁殿（元）　　　　②北京智化寺如来殿（明）

图13　里跳隐刻上昂的补间铺作

三　结　语

通过以上对昂形制演变的考察，我们可以发现下昂演变的趋势还是以柱头铺作为主体，产生于柱头的形式影响补间最终形成形式统一的外檐铺作层；而上昂则是依托补间铺作才得以发展成型，其后影响了柱头铺作的形式，并最终演化出自身独特的装饰性。

参考文献：

[一] 郭黛姮主编：《中国古代建筑史》第三卷，《宋、辽、金、西夏建筑》，中国建筑工业出版社，2003年。

[二] 杨新编著：《蓟县独乐寺》，文物出版社，2007年。

[三] 张映莹，李彦主编：《五台山佛光寺》，文物出版社，2010年。

[四] 辽宁省文物保护中心，义县文物保管所：《义县奉国寺》，文物出版社，2011年。

[五] 陈明达：《应县木塔》，文物出版社，1980年。

[六] 东南大学建筑研究所：《宁波保国寺大殿勘测分析与基础研究》，东南大学出版社，2012年。

[七] 郭黛姮编著：《东来第一山——保国寺》，文物出版社，2003年。

[八] 柴泽俊：《柴泽俊古建筑文集》，文物出版社，1999年。

[九] 陈明达：《营造法式大木作研究》，文物出版社，1981年。

[十] 日本文化厅所藏文化财实测图。

[十一] [日] 关口欣也：《中世禅宗样建筑的研究》，中央公论美术出版，2010年。

[十二] 潘德华：《斗栱（上）》，东南大学出版社，2004年。

【征稿启事】

为了促进东方建筑文化和古建筑博物馆探索与研究，由宁波市文化广电新闻出版局主管，保国寺古建筑博物馆主办，清华大学建筑学院为学术后援，文物出版社出版的《东方建筑遗产》丛书正式启动。

本丛书以东方建筑文化和古建筑博物馆研究为宗旨，依托全国重点文物保护单位保国寺，立足地域，兼顾浙东乃至东方古建筑文化，以多元、比较、跨文化的视角，探究东方建筑遗产精粹。其中涉及建筑文化、建筑哲学、建筑美学、建筑伦理学、古建筑营造法式与技术；建筑遗产保护利用的理论与实践；东方建筑对外交流与传播，同时兼顾古建筑专题博物馆的建设与发展等。

本丛书每年出版一卷，每卷约20万字。每卷拟设以下栏目：遗产论坛，建筑文化，保国寺研究，建筑美学，佛教建筑，历史村镇，中外建筑，奇构巧筑。

现面向全国征稿：

1. 稿件要求观点明确，论证科学严谨、条理清晰，论据可靠、数字准确并应为能公开发表的数据。文章行文力求鲜明简练，篇幅以6000—8000字为宜。如配有与稿件内容密切相关的图片资料尤佳，但图片应符合出版精度需要。引用文献资料需在文中标明，相关资料务求翔实可靠引文准确无误，注释一律采用连续编号的文尾注，项目完备、准确。

2. 来稿应包含题目、作者（姓名、所在单位、职务、邮编、联系电话），摘要、正文、注释等内容。

3. 主办者有权压缩或删改拟用稿件，作者如不同意请在来稿时注明。如该稿件已在别处发表或投稿，也请注明。稿件一经录用，稿酬从优，出版后即付稿费。稿件寄出3个月内未见回复，作者可自作处理。稿件不退还，敬请作者自留底稿。

4. 稿件正文（题目、注释例外）请以小四号宋体字A4纸打印，并请附带光盘。来稿请寄：宁波江北区洪塘街道保国寺古建筑博物馆，邮政编码：315033。也可发电子邮件：dfjzyc@163.com。请在信封上或电邮中注明"投稿"字样。

5. 来稿请附详细的作者信息，如工作单位、职称、电话、电子信箱、通讯地址及邮政编码等，以便及时取得联系。